# 农民培训精品系列教材

粮油作物
绿色高质高效种植技术

刘 青　赵铁军　赵栋　阿依古丽·吾斯曼　杜娜钦　谢红战　主编

中国农业科学技术出版社

图书在版编目（CIP）数据

粮油作物绿色高质高效种植技术 / 刘青等主编 .
北京：中国农业科学技术出版社，2025.4. --ISBN
978-7-5116-7278-0

Ⅰ . S51；S565

中国国家版本馆 CIP 数据核字第 2025KK0328 号

责任编辑	张　羽
责任校对	王　彦
责任印制	姜义伟　王思文

出 版 者	中国农业科学技术出版社
	北京市中关村南大街 12 号　邮编：100081
电　　话	（010）82109705（编辑室）　（010）82106624（发行部）
	（010）82109709（读者服务部）
网　　址	https://castp.caas.cn
经 销 者	各地新华书店
印 刷 者	中煤(北京)印务有限公司
开　　本	148 mm×210 mm　1/32
印　　张	5.125
字　　数	130 千字
版　　次	2025 年 4 月第 1 版　2025 年 4 月第 1 次印刷
定　　价	36.80 元

◆ 版权所有·翻印必究 ◆

《粮油作物绿色高质高效种植技术》
编委会

主　编：刘　青　赵铁军　赵　栋
　　　　　阿依古丽·吾斯曼　杜娜钦　谢红战

副主编：孙宏琳　李月兵　孔光凯　龚志龙
　　　　　童晓莉　孙淑贤　王宏文　李　娜
　　　　　温　权　郁兴菊　王玉龙　王光恒
　　　　　刘丽宏　庄宏萍　周媛媛　胡仕涛
　　　　　程苗苗　王铭铰　郑文杰　毕德明
　　　　　赵丽平　安爱民　刘　杰　朱红霞
　　　　　樊丽亚　朱晓波　樊志辉　马　琳
　　　　　杨爱民　房东升　赵卫琴　张春云
　　　　　刘修瑜　刘卫玺　司晓乐　王　根
　　　　　邹　曦

编　委：路丰祎　王宏辉　宋琳玲　方红梅
　　　　　张　静　翟　晴　张桂婷　孙筱楠
　　　　　刘伟喜　唐继成　喻李波　张爱莲
　　　　　尚英超　于海燕　赵　醇　张　冲
　　　　　张海燕　刘　艳　蒋　科　杨静娟
　　　　　王亚欣　杨青霞　刘聚玲

前　言

农业是国民经济的基础产业，作物生产则是农业的核心内容之一。随着全球人口的增长和资源环境约束的加剧，提高作物生产效率、确保粮食安全成为当前农业发展的重要目标。本书以作物生产为切入点，围绕现代农业高效生产的核心问题，系统梳理了主要农作物的生产理论与技术体系，力求为农民、农业科技工作者及相关从业者提供科学指导和技术支持。

本书共分十章，系统梳理了从作物生产理论到实际应用的全链条内容。第一章阐述了作物生产的内涵、繁殖理论及施肥技术，为高效生产奠定理论基础。第二章至第五章分别针对小麦、谷子、水稻和玉米，详细介绍了其高产栽培技术、创新种植方式及病虫害防控策略，如小麦的超高产栽培与简耕节水技术、谷子的无公害高产栽培、水稻的一季与双季高效栽培及玉米的"一增四改"技术等。第六章至第十章则涵盖马铃薯、大豆、花生、油菜及其他油料作物的高效生产技术，特别对油茶、芝麻和向日葵的管理技术进行了深入分析，注重兼顾高产与病虫害防控。全书内容全面实用，理论与实践相结合，为现代农业高效发展提供了技术支撑和科学指导。

本书在编写过程中，力求内容科学准确、结构清晰合理，既注重理论的系统性，又强调技术的实用性。希望通过本书，能够为农业从业者提供实用的技术指导，推动现代作物生产迈向高效、绿色、可持续的发展之路。

编　者

2025 年 3 月

目 录

第一章 作物生产与高效战略 … 1
第一节 作物生产的内涵 … 1
第二节 作物的繁殖理论与技术 … 2
第三节 作物高效施肥理论与技术 … 8

第二章 小麦绿色高质高效种植技术 … 16
第一节 小麦超高产栽培技术 … 16
第二节 小麦覆盖简耕高效生产技术与机理 … 19
第三节 小麦垄作节水高效栽培技术与机理 … 24
第四节 小麦主要病虫害识别与防控 … 29

第三章 谷子绿色高质高效种植技术 … 35
第一节 麦茬直播谷子高产栽培技术 … 35
第二节 无公害高产高效谷子栽培技术 … 37
第三节 谷子主要病虫害识别与防控 … 39

第四章 水稻绿色高质高效种植技术 … 44
第一节 一季稻高产优质栽培技术 … 44
第二节 双季稻高产优质栽培技术 … 49
第三节 水稻直播栽培技术 … 53
第四节 水稻主要病虫害识别与防控 … 56

第五章 玉米绿色高质高效种植技术 … 62
第一节 夏玉米超高产关键栽培技术 … 62
第二节 玉米"一增四改"技术 … 64
第三节 甜糯玉米增产技术 … 65
第四节 玉米主要病虫害识别与防控 … 68

第六章 马铃薯绿色高质高效种植技术 …………… 79
　第一节 马铃薯大棚栽培技术 ……………… 79
　第二节 地膜覆盖栽培技术 ………………… 81
　第三节 马铃薯膜下滴灌栽培技术 ………… 83
　第四节 马铃薯主要病虫害识别与防控 …… 85
第七章 大豆绿色高质高效种植技术 …………… 90
　第一节 大豆的形态特征 …………………… 90
　第二节 大豆种植制度与高产栽培技术 …… 92
　第三节 大豆主要优良品种介绍 …………… 97
　第四节 大豆主要病虫害识别与防控 ……… 99
第八章 花生绿色高质高效种植技术 …………… 105
　第一节 花生生长发育与生态条件 ………… 105
　第二节 花生高产栽培技术 ………………… 108
　第三节 花生主要病虫害识别与防控 ……… 113
第九章 油菜绿色高质高效种植技术 …………… 119
　第一节 油菜的生长发育 …………………… 119
　第二节 油菜高产高效栽培技术 …………… 122
　第三节 油菜主要病虫害识别与防控 ……… 126
第十章 油茶、芝麻、向日葵绿色高质高效种植技术 …………… 130
　第一节 油茶 ………………………………… 130
　第二节 芝麻 ………………………………… 138
　第三节 向日葵 ……………………………… 146
参考文献 ………………………………………… 154

第一章 作物生产与高效战略

第一节 作物生产的内涵

一、作物生产的概念

作物的概念有广义和狭义之分。从广义上讲,凡是对人类有应用价值,为人类所栽培的各种植物都称为作物。从狭义上讲,作物是指田间大面积栽培的植物,即农业上所指的粮、棉、油、麻、烟、糖、茶、桑、蔬、果、药和杂等。因其栽培面积大、地域广,故又称为大田作物,也可称为农艺作物或农作物。我们一般所讲的作物是狭义的,是栽培植物中最主要、最常见,在大田栽培、种植规模较大的几十种作物。全世界这种作物大约有 90 种,我国大约有 50 种。

二、作物生产在农业中的重要性

人类为了生存和发展,首先必须解决吃、穿这些生存生活的基本问题,然后才能从事其他生产活动和社会活动。吃是为了获得生命活动所必需的能量,穿是为了适应变化的生活环境。为了生存,首先需要食、衣、住以及其他东西。因此,人类首要的活动就是生产满足这些需要的资料,即生产物质生活本身。解决吃、穿问题主要靠农业生产。农业是世界上最原始、最古老和最根本的产业,也被称为第一产业。有了第一产业的发展,人们生存生活的基本问题才能得到保证,才能解放一部分劳动力进行社会分工，才有第二产业（制造业）的产生。之后又发展起第三产业，即服务业。由此可见，农业是人类一切社会活动和生产发展的基础，这是不以人们的意志为转移的客观规律。

人类生活之所以离不开农业，是因为人的生命活动所必需的能量目前只能从食物中获得。而食物中的能量，究其来源，是绿色植物通过光合作用转化太阳能的产物。

绿色植物以其特有的叶绿素吸收太阳能，通过光合作用，将从空气中吸收的二氧化碳和从土壤中吸收的水分和无机盐类，经过复杂的生理生化活动，合成富含能量的有机物质。对于这些有机物质，一部分直接用来作为人类的食物，另一部分作为农业动物的饲料转化成奶、肉、蛋等食品。人类摄取这些食品，在消化过程中将储存在有机物质中的太阳能又释放出来，满足生命活动的需要。

人类栽培的绿色植物称为作物，它是有机物质的创造者，是太阳能的最初转化者，其产物是人类生命活动的物质基础，也是一切以植物为食的动物和微生物生命活动的能量来源。因此，作物生产称为第一性生产。种植业在我国农业中占的比重最大，种植业的发展不但提供人们的基本生活资料，而且提供了原料，是农业的基础。国家列入统计指标的有粮、棉、油、糖、麻、烟、茶、桑、果、菜、药、杂12项，这些为人类栽培的植物都称为"作物"，这是广义的作物概念。狭义的作物主要指农田大面积栽培的粮、棉、油、糖、麻、烟等，一般称为农作物，本书主要讨论狭义作物的生产。

第二节 作物的繁殖理论与技术

一、无性繁殖的类型

无性繁殖的生物学基础如下。第一，利用植物器官的再生能力，使营养体发根或生芽变成独立个体。生产上的扦插、压条、分割繁殖均属此类，其技术关键在于促进其再生与分化。第二，利用植物器官受损伤后，损伤部位可以愈合的性能，把一个个体上的枝或芽移到其他个体上形成新的个体。生产上嫁接技术的关键在于保证尽快愈合。第三，利用生物体细胞在生理上具有潜在全能性的特性，使其器官、组织或细胞变成新的独立的个体。

无性繁殖可分为以下三类。

（1）营养繁殖。营养繁殖通常是指以种子以外的营养器官产生后代的方式。例如，利用芽、茎、根等营养器官和球茎、鳞茎、根茎、匍匐枝或其他特殊器官（如珠芽）等进行繁殖，常见的有甘薯、马铃薯、蒜、洋葱、草莓、甘蔗、桃、苹果等。

（2）无融合生殖。不经过雌雄性细胞的融合（受精）而由胚珠内某部分单个细胞产生有胚种子的现象称为无融合生殖。其遗传本质属于无性繁殖，但在表现上却是种子的产生。

（3）组织培养。利用植物的细胞、组织或器官，在人工控制条件下繁殖植物的方法称为组织培养。植物组织培养的生理依据是细胞全能性，即植物体的每一个细胞都携带有一套完整的基因组，并具有发育成完整植株的潜在能力。组织培养与种子生产关系最密切的是快速繁殖、种苗脱毒以及人工种子制作等。

二、分株繁殖

有许多植物的自然繁殖是利用特殊营养器官来完成的，称为分株繁殖。分株繁殖是植物无性繁殖中最简单易行的一种方法，即人为地将植物体分生出来的幼植体（吸芽、珠芽等），或者植物营养器官的一部分（变态茎等）与母株分割或分离，另行栽植而成独立植株。用这种方法繁殖的植株，容易成活，成苗较快，方法简便，但繁殖系数较低。

 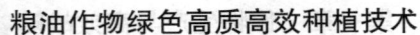

（一）变态茎

1. 鳞茎

鳞茎具有短缩而呈盘状的鳞茎盘，肥厚多肉，鳞叶之间可发生腋芽，每年可从腋芽中形成一个至数个子鳞茎，并从老鳞茎旁分离开。子鳞茎可整个栽植（水仙、郁金香等），也可分瓣栽植（大蒜、百合等）。利用鳞茎繁殖的主要是蔬菜和花卉的一些种类，如百合、水仙、风信子、郁金香、大蒜等。

2. 球茎

球茎上有节和节间，节上有干膜状的鳞片叶和腋芽。一个老球茎可产生1~4个大球茎及多个小球茎。供繁殖用时，有的整球栽植，有的可切成几块繁殖。球茎繁殖的代表种类有唐菖蒲、荸荠、慈姑等。

3. 根茎

地下水平生长的茎上有节和节间，节上有小而退化的鳞片，叶腋中有腋芽，由此发育为地上枝，并产生不定根。可将根茎切成数段用来繁殖，每段必须带有一个腋芽，一般于春季发芽前进行分殖。莲、睡莲、鸢尾、美人蕉、紫苑等多用此法繁殖。

4. 块茎

由地下茎膨大而成的块茎上或顶端有芽眼（内有一至数个休眠芽），可用来分割繁殖。可将块茎分成几块，每块带有至少一个芽眼，如马铃薯、山药、马蹄莲等。

5. 匍匐茎与走茎

匍匐茎的蔓上有节，节部可以生根发芽，产生幼小植株，将其与母株分离即成新的植株。节间较长不贴地面的为走茎，如吊兰、虎耳草；节间较短、横走地面的为匍匐茎，如草莓和多种草坪植物（狗牙根、野牛草等）。

6. 蘖枝

一些果树或木本花卉植物，有很强的萌蘖性。它们的根上可

以发生不定芽,萌发成苗,将其与母株分离后即成新株。这种繁殖法也称为分株繁殖法,主要种类有刺槐、木槿、山楂、枣、杜梨、萱草、蜀葵、玉簪、一枝黄花等。分株的时间依植物种类而定,一般春季开花的秋季分株,秋季开花的则春季分株。

(二)变态根

用于繁殖的变态根主要是块根,由不定根(营养繁殖植株)或侧根(种子繁殖的植株)经过增粗生长而形成的肉质储藏根。在块根上易发生不定芽,多用来进行繁殖。可用整个块根来栽植(如大丽花的繁殖),也可将块根切成数块来繁殖。甘薯则是用整个块根进行繁殖育苗后,再分株移栽。

三、扦插繁殖

扦插繁殖是利用植物营养器官具有再生能力、可发生不定根或不定芽的特性,切取其茎、叶、根的一部分,插入土壤或其他基质中,使其生根发芽,成为新植株的繁殖方法。

扦插繁殖适用于很多植物,果树中的葡萄、石榴,蔬菜中的番茄、甘蓝,花卉中的月季、紫薇、迎春、芙蓉、茉莉、木香等。大田作物中适于扦插的种类很少,但甘薯主要用扦插繁殖。

(一)影响扦插生根的内在因素

在扦插繁殖中,生根的难易是扦插成活的关键。因此,扦插能否生根显得至关重要。影响扦插生根的因素很多,包括内因和外因。其内因如下。

1. 植物种类与品种

植物种类不同,其生理、生化特性不同,根的再生能力也不同。因此有的容易生根,有的就很难生根,但这种难易程度也随扦插条件及方法的改进而变化。目前尚不能生根或难以生根的种类,将来也可能变得容易生根,这取决于人类对插条生根机理的了解及创造生根条件的能力。

一般来说，在其他条件相同的情况下，灌木比乔木容易生根；在灌木中，匍匐型比直立型容易生根；在乔木中，阔叶树比针叶树容易生根；高温多雨地区的树种比低温干旱地区的树种容易生根。同一种植物的不同品种生根难易也不同。如美洲葡萄种群中的杰西卡和爱地朗生根较难，而欧洲种群和东亚种群的葡萄扦插则易生根。

2. 插条年龄

插条年龄包括所取枝条的树龄和枝龄。一般情况下，采条母株树龄越大，插条越难生根。从1~2年生的实生树上采集的插条比老龄树的容易生根。枝龄以1年生的枝再生能力最强，随枝条年龄的增加，生根能力随之下降。

3. 插条的部位及发育状况

一般来说，主轴上的枝条粗壮，发育较好，因而比侧枝上的生根能力强。

4. 插条大小及叶面积大小

插条的大小对成活率及生长率均有一定的影响。为了合理利用插条，应截取长短适宜的插条。一般草本插条长7~10 cm，落叶休眠枝条长15~20 cm，常绿阔叶树长5~10 cm。

嫩枝扦插插条上保留的叶片和芽的多少，对扦插成活的影响比较复杂。一方面，插条上的叶不仅能通过光合作用制造一定的养分，以供应插条生根和生长的需要，而且芽在萌发过程中还能制造促进生根的物质，分解某些抑制生根的物质，对促进生根非常重要。另一方面，在插条未生根前，叶面积越大，蒸发量越大，插条容易枯死。因此，插条上叶的多少必须根据不同种类、不同叶形及叶的大小，合理留取一定的叶面积，以保持吸水与蒸腾间的平衡关系。一般条件下，阔叶常绿树的插条以保留2~4片叶为宜，多的剪去。叶片大的可将叶片卷起或剪去半叶。

（二）影响生根的外部因素

1. 湿度

插条在生根前干枯死亡是扦插失败的主要原因之一，有时新根尚未形成，插条所蒸发的水分无法得到补充而干枯死亡。因此，在生根前应尽量减少水分的散失。通常采用加大插床空气湿度的方法，但插床湿度不可过高，以免氧气不足，造成插条腐烂。

保持较高空气湿度的方法主要采用自动控制的间歇式弥雾装置，或用塑料薄膜覆盖及遮阴等。

有时插条采集时间过长也会因失水而影响成活。因此，在扦插前常用清水浸泡插条 24 h。但有些种类（如仙人掌类、景天类、天竺葵等）扦插前却要晾晒 1~2 d，使切口处水分减少，防止插条腐烂。

2. 温度

温度包括插床温度和空气温度。一定的温度条件有利于不定根的形成，但不同的植物种类对温度的要求不同。热带植物要求温度较高，以 20~25 ℃为宜；温带植物则以 15~20 ℃为好。一般要求气温略低于插床温度，这样，较高的插床温度能促进生根，较低的空气温度可抑制地上部的生长呼吸和水分蒸发。

一般夏季嫩枝扦插的插床温度易得到保证，而早春和冬季的硬枝扦插温度偏低，需要采用人工加温方式，目前多采用电热温床加温。同时，保持一定的温差，对生根有利。

3. 氧气

插条生根需要氧气。插床中水分、温度、氧气三者相互依存，相互制约。当插床中水分过多时，温度下降，氧气减少，造成缺氧，易腐烂。葡萄的扦插要求有15%以上的氧气浓度，当氧气仅为2%时，几乎看不到生根。因此，插床既要保水能力强，又要通气性良好。

4. 光照

较暗的环境可刺激插条生根。因此,扦插后需要适当遮阴,以减少水分蒸发。但遮阴过度,又会降低插床温度。嫩枝扦插一般要求有适当的光照,以利于叶片进行光合作用,制造养分促进生根,但要避免阳光直射。

5. 插壤

插壤即扦插用的基质。扦插基质必须能为插条提供充足的水分和氧气。这就要求扦插基质既要保水性好,又要通气性强。常用的扦插基质有土壤、河沙、泥炭、蛭石和珍珠岩等,将几种基质混合使用效果更好。易生根的种类对基质要求不严,对于难以生根的种类必须选择适当的基质,才能提高扦插的成活率。

另外,土壤或其他扦插基质,除提供插条生根所必需的水分、养分和氧气外,还要求无病虫害感染。重复使用的插床必须经过严格消毒。

第三节 作物高效施肥理论与技术

施肥原理和依据是古今中外劳动人民生产实践和学者试验研究的科学总结。没有施肥理论指导的施肥实践是盲目的实践。研究施肥原理的目的是指导科学合理地施肥。

一、施肥的基本原理

(一) 养分归还学说

德国化学家李比希于 1840 年在《化学在农业与生理学上的应用》中指出:"人类在土地上种植作物并将其收获,必然导致土壤肥力的逐渐下降,土壤中的养分会越来越少。因此,要恢复地力,就必须将从土壤中取走的养分归还,否则难以维持以往的高产量。为了增加作物产量,需要向土壤补充必要的养分。"这也表明，为了保持土壤的肥沃，必须通过施肥手段补充作物吸收的各种矿物质养分，确保土壤在物质循环中实现收支平衡。

事实上，由于作物吸收的矿物质养分在作物体内的分布不同，通过根茬返还给土壤的比例也各异，因此施肥措施需要因地制宜。从表1-1可以看出，氮、磷、钾是低归还度的元素，需要重点通过施肥进行补充；钙、镁、硫等养分属于中度归还，虽然作物地上部分吸收的量多于根茬残留返还的量，但施肥仍需根据土壤类型和作物种类有所调整。例如，在酸性土壤中种植喜钙的双子叶作物时，可施用含钙肥料，而在中性或石灰性土壤中种植禾本科作物则无需额外补充含钙肥料。至于铁、锰等高归还度元素，其返还比例可达60%~70%，且土壤中含量通常较为丰富，通常情况下无需通过施肥补充。

表1-1　不同植物的营养元素归还比例

归还程度	归还比例（%）	需要归还的营养元素	补充要求
低度归还	<10	氮、磷、钾	重点补充
中度归还	10~30	钙、镁、硫	依土壤和植物而定
高度归还	>30	铁、锰	不必补充

注：供试植物为小麦、大麦、玉米、高粱、花生。归还比例是指以根茬方式残留于土壤的养分量占养分吸收总量的百分数。

（二）最小养分律

李比希于1843年提出了"最小养分律"。他提出："植物为了生长发育需要吸收各种养分，但是决定植物产量的却是土壤中那个相对含量最少的养分因素（即最小养分），产量也在一定程度上随着这个因素的增减而相对变化，如果无视这个限制因素的存在，即使继续增加其他营养成分，也难以再提高植物产量。" "最小养分律"又被称为施肥的"木桶理论"，储水桶是由多块木板组成的，每一块木板代表着作物生长发育所需的一种养分，当

有一块木板（养分）比较低时，其储水量（产量）也只能达到与最低木板的刻度对应的储量。

在生产实践中准确掌握和运用此定律应注意以下几点。

（1）最小养分是相对的。决定作物产量的是土壤中某种对作物需求相对含量最少，而并非绝对含量最少的养分。即在作物生长过程中，若出现一种或数种必需营养元素供给不足时，按作物需要土壤中最缺的那种养分就称为最少养分。

（2）最小养分是可变的。最小养分不是固定不变的，而是随着生产条件的变化而变化。当土壤中的最小养分以施肥手段得以补充，满足作物需要后，作物产量会在新的最小养分限制下，随着该养分的补给使产量提高，而原来的最小养分就让位于对作物生长发育起限制作用的其他养分了。

（3）继续增加最小养分以外的其他养分，不但难以提高产量，而且还会降低施肥的效益。在生产实践中，大量施用某种养分，作物都会出现奢侈吸收、单盐毒害、烧苗等现象，造成减产，甚至颗粒无收。在最小养分未补足之前，施用最小养分以外的其他养分，更易出现此类现象。所以，施肥时应该注意最小养分的变化和养分的配合，避免在生产上盲目加大施肥量。

（4）最小养分可能同时存在两种。也就是说，当两种或两种以上养分限制作物生长时，增加一种或另一种养分或许能轻微地提高产量，但若施用更高的比例就会减少产量。然而，当两种养分配合在一起施用时，产量能显著增加。

（三）报酬递减律

报酬递减律是由欧洲经济学家杜尔哥和安德森在18世纪后期同时提出的。最初，这一经济法则主要应用于工业领域，随后被广泛推广到农业领域。其核心观点是："在一定土地上，随着劳动和资本的投入增加，总报酬会随之增长，但单位报酬的增长速度会逐渐减缓，最终趋于减少。"以施肥为例，虽然不同作

第一章 作物生产与高效战略

物对施肥的反应各异,但大量施肥实践数据显示,施肥量与产量的关系普遍遵循这一经济规律。

作为农业生产中最基本的经济规律,报酬递减律在技术条件相对稳定的情况下,揭示了限制性因素与作物产量之间的关系,即投入与产出的经济效应。这一规律表明,施肥需考虑经济合理性,而非盲目增加施肥量,只有在优化投入的同时追求高效益,才能实现资源的合理利用和农业生产的可持续发展。

(四)同等重要律和不可代替律

作物所需要的营养元素,在作物体内的含量差别可达十倍、千倍甚至数百万倍,但是不管数量多少,都是同等重要,不能互相代替,这称为"营养元素的同等重要律和不可代替律"。例如,作物缺氮,生长缓慢,老叶黄化,除施用氮肥外,其他任何肥料都不能减轻这种症状,氮素的营养作用不能被其他任何一种元素完全代替;虽然钼是作物体内含量最少的营养元素,但花菜缺钼出现"鞭尾状叶"只能通过使用钼肥缓解症状,钼的营养作用和其他营养元素一样重要。

二、施肥的基本依据

要做到真正的合理施肥,除掌握必要的施肥原理外,还应把作物营养特性及环境条件对作物营养的影响看作合理施肥的重要依据。

(一)作物营养特性与施肥

所有作物的正常生长发育都需要碳、氢、氧、氮、磷、钾、钙、镁、硫、铁、锰、铜、锌、硼、钼、氯16种必需营养元素,而且作物吸收养分都有阶段性和连续性,这就称为作物营养的共性或一般性。

作物营养的个性或特殊性也广泛存在。首先,反映在不同种类作物(甚至不同品种)所必需营养成分的数量和比例各不

相同。例如,小麦、玉米、水稻等谷类作物需要较多的氮素,但也要配合一些磷、钾;豆科作物及豆科绿肥因根部有根瘤,能固定空气中的氮,可少施或不施氮肥,应增施磷、钾肥,特别是对磷的需求比一般作物多;以茎、叶生产为主的麻、桑、茶及蔬菜作物,需要较多的氮素,施氮尤为重要;油菜和糖用甜菜需硼比一般作物多;烟草、薯类需要较多的钾;常规稻的需肥量低于杂交稻,粳稻一般比籼稻耐肥。除此之外,有些作物还有特殊需求,如水稻需要较多的硅,豆科作物固氮需要微量的钴。

其次,不同作物对不同形态的肥料反应不同。例如,水稻和富含糖的薯类,施用铵态氮肥较硝态氮肥效果更好,其中马铃薯不仅利用铵态氮,硫对其生长也有良好的作用,因此以施硫酸铵为好。小麦、玉米、棉花、向日葵等都是喜硝态氮的,由于钠盐对纤维品质有良好作用,可使纤维排列紧密,提高纤维强度和拉力,所以棉、麻宜施用硝酸钠。在甜菜生长初期施用硝态氮优于铵态氮,后期则以铵态氮较好。而番茄则相反,生长期还原过程占优势,宜施铵态氮肥,后期氧化过程占优势,宜施硝态氮肥。烟草施用硝酸铵较好,因为硝态氮有利于柠檬酸和苹果酸的积累,提高其燃烧性,铵态氮可促进烟叶内芳香族挥发油的形成,增进烟的香味。对薯类、烟草、茶、柑橘等忌氯作物不宜施用含氯肥料。

再次,各种作物不仅对养分的需求有差别,而且吸收能力也不同。油菜、花生等豆科作物能很好地利用磷矿粉中的磷,玉米、马铃薯只有中等的利用能力,而小麦利用能力就很弱。对利用能力强的可施难溶性磷肥,反之应施速效性磷肥。

最后,对同一品种的作物,需注意其不同生育阶段对养分的不同需求。作物生长发育有一定规律性,前期以营养生长为主,主要扩大营养体,形成骨架;中期是营养生长和生殖生长并进时期,生长迅速;后期是生殖生长时期,主要进行物质的运输,形成籽粒。不同营养阶段有不同的营养要求,前期需较多的氮,中期追求营养平衡,后期需较多的磷和钾。此外,在作物营养期中还应注意两个施肥的关键时期,即作物营养临界期和作物营养最大效率期。

元素过多、过少或营养元素间的不平衡对作物生长发育起着不良影响的时期,称为作物营养临界期。不同作物的临界期不同(表1-2),但一般都出现在生长初期,这个时期作物需养分不多,但很迫切,表现非常敏感,养分缺乏造成的影响即使在以后补施肥料也难以纠正和弥补,造成严重减产。

表1-2 不同作物和不同元素的临界期

作物	氮	磷	钾
水稻	3叶	3叶	分蘖至幼穗形成期
小麦	5叶	3叶	5叶
玉米	3叶	3叶	3叶
棉花	6叶(现蕾初)	3叶	5叶
油菜	5叶	4~5叶	5叶

在作物的营养期中,作物所吸收的营养物质能够产生最大效能的那段时期称为作物营养最大效率期。这个时期需要养分的绝对量和相对量往往最大,吸收速率快,生长旺盛,是施肥的关键时期。氮肥的最大效率期通常是小麦在拔节到抽穗期,玉米在喇叭口到抽雄初期,大豆、油菜在开花期,棉花在盛花始铃期,甘薯在生长初期(扦插后30~50 d);甘薯磷、钾肥的最大效率期在块根膨胀期;棉花磷肥的最大效率期为花铃期。

(二)土壤条件与施肥

全氮通常在0.2~2 g/kg,全磷(P)含量为0.18~1.1 g/kg,

全钾（K）含量相对较高，一般为 3~23 g/kg。然而，由于这些养分多以迟效态存在，全量养分仅作为作物营养的物质基础，不能完全反映土壤对作物养分的实际供应能力。与作物当季产量和施肥效果密切相关的是土壤中的有效养分含量。通常，土壤有效氮低于 50 mg/kg、速效磷低于 5 mg/kg、速效钾低于 66 mg/kg 时，三要素供应水平较低，施肥能显著提高作物产量。随着有效养分含量的增加，施肥效果逐渐减弱。此外，施肥需注重养分平衡，氮、磷、钾与微量元素应合理配合施用。

土壤酸碱性也显著影响施肥效果。例如，酸性土壤适宜施用磷矿粉，而石灰性或中性土壤更适合使用过磷酸钙。为减少磷肥与铁、铝、钙、镁等元素的固定反应，磷肥应集中、分层施用于根系密集的土层或以根外追肥形式施用。对于氮肥，酸性土壤适宜使用碳酸氢铵等碱性肥料，而石灰性土壤则可选用硫酸铵、氯化铵等酸性肥料。此外，土壤的结构、通气状况和水分条件也会影响施肥方法。例如，水稻田不宜使用硝态氮肥，而铵态氮肥在还原条件下效果更佳。

（三）气候条件与施肥

气候条件对土壤养分状态和作物吸收能力有重要影响，从而决定施肥效果。在高温多雨的地区或季节，有机肥分解较快，宜施用半腐熟的有机肥料，而化肥追肥一次施用量不宜过大，也不宜过早，以免造成养分流失。反之，在温度较低、降水较少的地区或季节，有机质分解缓慢，肥效较迟，应施用充分腐熟的有机肥料及速效化肥，并适当提前施用。在高寒地区，增施磷肥、钾肥或灰肥可提高作物抗寒能力，帮助作物安全越冬。光照条件同样影响施肥策略。当光照不足时，光合作用减弱，单独施用速效氮肥会导致碳氮代谢失衡，糖分积累减少，机械组织形成受阻，易造成作物徒长倒伏，此时可增施钾肥以补偿光照不足的影响。而在光照充足、光合作用旺盛的条件下，作物对养分的需求量增加，可适当增加施肥量以满足其快速生长的需求。

（四）*肥料品种特性与施肥*

肥料种类很多，性质差异也很大，合理施肥必须考虑到肥料性质。与施肥关系密切的性质有养分的含量、溶解度、酸碱度、稳定性、土壤中的移动性、肥效快慢、后效大小及有无副作用等。例如，有机肥料，养分全、肥效迟、后效长，有改土作用，多用作基肥；化肥养分浓度大、成分单一、肥效快而短，便于调节作物营养阶段的养分要求，多用作追肥；铵态氮肥（如碳酸氢铵）化学性质不稳定，挥发性强，应特别强调深施盖土，减少养分损失；硝态氮肥在土壤中移动性大，施后不可大水漫灌，不宜作基肥施用；磷肥的移动性小，用作基肥时应注意施用深度，应施在根系密集土层中。

第二章 小麦绿色高质高效种植技术

第一节 小麦超高产栽培技术

一、超高产的品种选择

由于气候条件和栽培技术的限制，小麦品种的产量潜力尚未充分挖掘，高产与大面积产量之间仍存在较大差距。小麦要实现超高产，关键在于品种的生产潜力。近年来，黄淮冬麦区的育种专家普遍认为，多穗型品种更适合高产需求。产量的三要素中，穗数对产量的贡献最大，其次是千粒重和穗粒数，超高产品种需具备三者的高度协调。

选择小麦品种时，株型是重要考量因素。合理株型可优化田间小气候，提高光能利用率，增强抗倒性，并促进同化物质的分配和运转。超高产小麦的株型特点包括：①株高80~90 cm；②分蘖力中等，成穗率高；③叶片斜立或略披垂，倒一叶长约20 cm，基角50°；④茎节间短且茎壁厚，茎秆弹性佳；⑤穗长不少于10 cm，小穗密度低，籽粒大而整齐；⑥株型适度，避免过于紧凑和直立，以防早衰和落黄不良。

此外，还需通过试种和测定确定品种的光合作用、营养运转及根系吸收能力等关键特性。为实现高产稳产，还应注重品种的抗逆性，尤其是黄淮海平原区要选择抗倒春寒能力强的品种。

二、小麦超高产栽培的指导思想及技术

小麦超高产栽培的核心目标是实现产量三因素的高水平协

第二章 小麦绿色高质高效种植技术

调。在确保植株在田间均匀分布的基础上,通过优化群体高效叶面积指数(LAI),适度缩小单茎上三叶面积,增加有效穗数,构建小株型、大密度的群体结构,从而实现源、流、库的高效运转。在小麦产量三要素中,单位面积穗数是影响产量的关键因素。根据近年来高产数据,现有高产品种亩产可达到 600 kg(9 000 kg/hm^2)以上,要求每亩穗数达 40 万~45 万穗。实践表明,通过优化栽培技术,高产品种每亩穗数可提高到 45 万~53 万穗(675 万~795 万穗/hm^2),比过去提升 10% 以上,同时保持品种遗传的每穗粒数和千粒重,实现了三要素的高水平协调。为达到这一目标,小麦的成产三要素应达到每公顷 675 万~795 万穗(每亩 45 万~53 万穗)、穗粒数约 36 粒、千粒重 45~49 g。

为实现这些目标,需注重以下关键措施。

(一) 培育高肥力的土壤基础

小麦产量提升的每个阶段,都依赖于相对较高的基础肥力。研究显示,高产小麦的营养吸收中,80% 以上来源于土壤,而中低产田仅为 60% 左右。因此,选择肥力水平高的地块并通过科学措施提高地力,是实现超高产的重要前提。

(二) 重视施用有机肥料

有机肥料如牛粪、猪粪、鸡粪等,对培肥地力和提高产量有显著效果。近年来,各地高产麦田普遍施用了不同类型和数量的优质有机肥,并结合秸秆还田。超高产田建议每亩施用 3 000 kg 以上牛粪或相应量的其他有机肥。

(三) 合理施用化肥

1. 科学运筹氮肥

超高产小麦需确保拔节孕穗期氮素供应充足,同时增加抽穗

注:1 亩 ≈ 666.67 m^2,全书同。

后光合产物的积累。施氮原则为"底氮不过量,拔节至孕穗期追氮,灌浆期酌情补氮"。每亩全季氮肥用量建议为 18~22 kg,分阶段合理施用。

2. 因地制宜施用磷、钾和微肥

钾肥应采取"前钾后移"策略,结合底肥与追肥。每亩施用 6~8 kg,分 7∶3 比例施用,可增强植株抗性并提高千粒重。磷肥用量每亩 10 kg 左右,可分层施用,提高苗期分蘖和根系发育。微肥和硫肥在土壤有机质较少或缺乏锌元素的地块尤为重要,底施硫酸锌 1.5 kg/亩,并增施硫肥 3~4 kg/亩,有助于提高产量和品质。

(四) 深耕细耙、精细整地、优化播种

高质量的整地是实现苗全苗匀的基础,确保植株在田间规则分布,提升光能利用率。整地需深耕 25~28 cm,并多次耙地和旋耕,以达到土壤平整、上虚下实的理想状态。播种日期宜在 10 月中旬,正常播量每亩 10 kg,行距 15~18 cm。

(五) 优化灌水管理

超高产麦田的灌水应根据土壤和气候条件灵活调整。在生育前期控制土壤含水量于田间持水量的 65% 左右;拔节至开花期土壤含水量保持在 75%~80%。黄淮海平原区通常需在拔节期和开花后 8 d 左右各浇 1 次水。

(六) 加强病虫害综合防治

超高产麦田群体密度较大,更易受病虫侵害。需全程监测,关键时期精准用药,确保生育期无重大病虫害发生。在抽穗扬花期,可混合药物喷洒防治锈病、赤霉病和蚜虫等,同时可加入磷酸二氢钾喷洒,提高后期植株营养。

(七) 中耕锄草与灾害预防

中耕锄草可有效改善土壤理化性状,建议在冬前和拔节期进

第二章 小麦绿色高质高效种植技术

行两次中耕。防止倒伏需选择抗倒品种,合理控制播量和底肥用量。必要时喷洒多效唑或进行冬前镇压,可显著降低倒伏风险。

第二节 小麦覆盖简耕高效生产技术与机理

一、覆盖简耕简化高效栽培技术

(一) 技术核心

1. 玉米秸秆趁青机械粉碎覆盖还田

玉米收获时随联合收割机携带粉碎装置直接将玉米秸秆粉碎,或收获后趁青用秸秆粉碎机将玉米秸秆全量粉碎并覆盖于地表,要求秸秆细碎、覆盖均匀,等到适播期时用免耕播种机开展免耕播种。

2. 小麦免耕播种施肥一次性机械化作业完成

小麦选用免耕播种机,一次性完成破茬、开沟、施肥、播种、覆土和镇压作业。

(二) 关键技术及流程

1. 播种质量是关键

由于地表不平整、秸秆覆盖量过多或是覆盖物分布不均等原因,会导致免耕播种时深浅不一致,种子分布不均匀,甚至出现缺苗断垄等问题。要改进播种机性能,提高适应能力,播种前要检查地表状况,确定适宜的墒情和播种量。

2. 农机农艺要配套

目前小麦免耕播种机类型较多,应根据不同区域、不同土质、不同产量水平确定合理的种植模式,从农艺角度选择与之配套的免耕播种机,避免由于农机农艺不配套对小麦出苗和后期群体形成造成不利影响。

3. 关键技术流程

该模式的技术关键是做好秸秆覆盖还田条件下的整地播种和农机农艺的良好协作。

(三) 技术体系

1. 秸秆覆盖与耕作方式

小麦收获时随联合收割机携带粉碎装置直接将小麦秸秆粉碎并均匀覆盖于地表,玉米免耕播种(贴茬),秸秆长度≤5 cm。

玉米收获时随联合收割机携带粉碎装置直接将玉米秸秆粉碎,或收获后趁青用秸秆粉碎机将玉米秸秆全量粉碎并覆盖于地表,要求秸秆细碎、覆盖均匀,秸秆长度≤5 cm,等到适播期时用免耕播种机进行免耕播种。

采取轮耕制,小麦播种采用免耕播种,每2年或每3年小麦播种前采取翻耕(深度25~30 cm)或深松(深度30~40 cm)方式整地后进行播种。

2. 播种

小麦选用免耕播种机,一次性完成破茬、开沟、施肥、播种、覆土和镇压作业。采用宽窄行或宽幅方式播种,宽窄行配置为宽行24~28 cm、窄行12 cm;宽幅播种配置为行距28 cm,播幅12 cm。

玉米选用贴茬免耕播种机,一次性完成破茬、开沟、播种、施肥、覆土、轧实作业。采用宽窄行或等行距种植,行距配置要与当前玉米收获主机型要求相配套,一般宽窄行配置为宽行70~80 cm,窄行为40~50 cm;等行距种植的行距为60 cm。株距以保证亩成株数确定。

小麦播种深3~5 cm。玉米播种深度4~6 cm。

冬小麦适宜播期半冬性品种10月10日—20日,弱春性品种10月18日—25日。夏玉米要在麦收后抢时播种,6月10日之前播种结束为宜。

第二章　小麦绿色高质高效种植技术

冬小麦适宜播种量为 10~12.5 kg/亩，根据播种前（地表情况）土壤墒情和播期，适当增减，以保证基本苗数量。夏玉米适宜播种量为 2~3 kg/亩，根据品种特性、土壤肥力及气候特点酌情增减。

3. 品种选择与种子处理

小麦宜选用分蘖力强、成穗率高、抗病性强、丰产性好、适应性广的品种。玉米宜选用抗旱性较好的高产稳产、耐密型品种。

播前要精选种子，去除病粒、霉粒、烂粒等，并选晴天晒种 1~2 d。使用含有安全高效的杀菌、杀虫的包衣剂进行包衣。应根据区域病虫害发生特点和规律，重点针对纹枯病、条锈病、根腐病和地下害虫选择对路的种衣剂和拌种剂，按照推荐剂量安全使用，进行种子包衣或拌种。

4. 施肥与灌水

采用冬小麦-夏玉米周年统筹施肥模式，按照《肥料合理使用准则通则》（NY/T 496—2010）规定，根据产量目标测土配方施肥。小麦季底肥：追肥为 6:4，用磷钾肥和部分氮素化肥或小麦专用肥做底肥，免耕播种时底肥随播种一次性进行，翻耕时先撒入或机施后翻耕；追肥在小麦拔节中期（第二节间开始伸长时）进行。玉米季用磷肥和部分氮素化肥或玉米专用肥做种肥，随播种进行，肥和种水平距离 10~15 cm。大喇叭口期（第12展叶）追施余下的氮素化肥。可提倡使用符合《硫包衣尿素》（GB/T 29401—2020）规定的氮肥缓控释肥料，生育期间可不再追肥。

施肥量折合纯养分含量为：小麦产量 400 kg/亩田块亩施纯氮（N）10~12 kg，磷肥（P_2O_5）5~7 kg，钾肥（氧化钾）4~6 kg；产量 500 kg/亩以上高产田块亩施纯氮（N）12~16 kg，磷肥（P_2O_5）8~10 kg，钾肥（氧化钾）5~8 kg。玉米产量 400 kg/亩田

块，亩施纯氮（N）8~10 kg，磷肥（P₂O₃）1~2 kg；产量500 kg/亩以上高产田块，亩施纯氮（N）10~12 kg，磷肥（P₂O₅）2~3 kg。

正常降水年份可不灌水，如果小麦返青拔节期，玉米播种期或大喇叭期遇到耕层（0~20 cm）土壤相对含水量≤50%时，按照《农田灌溉水质标准》（GB 5084—2021）规定补充灌水1次即可。

5. 适时收获

小麦在完熟期适时机械收获。如果收获期有降水过程，应适时抢收，防止穗发芽，天晴时及时晾晒，防止籽粒霉变。玉米在籽粒乳线消失时收获，机械化收获可适当推迟。

二、覆盖简耕简化高效栽培技术机理

（一）土壤生态效应

1. 改善了土壤结构

土壤容重是衡量土壤紧实程度的重要指标。深松对土壤容重具有显著影响，玉米收获后、小麦播种前，深松处理（无论是否覆盖秸秆）均使土壤容重明显降低，尤其在0~10 cm耕层范围内，秸秆覆盖还田的效果更为显著。而不进行深松处理的地块，容重显著较高，表明深松能够有效降低耕层土壤容重。对于深层土壤（10~40 cm），深松处理同样可以降低容重，而秸秆覆盖的影响较小。研究表明，各处理土壤容重随土层深度增加而增加，但显著差异主要集中在耕层范围内（0~20 cm），这一层对作物生长具有重要影响。因此，对于覆盖简耕技术，应采用隔年深松或每隔2~3年深翻的方式，以改善耕层的水、肥、气、热条件，打破犁底层，进一步优化土壤结构。

2. 明显提高了土壤有机质和养分含量

覆盖简耕能够显著提高土壤的有机质及速效养分含量。长期

第二章 小麦绿色高质高效种植技术

试验数据显示，土壤有机质由 1.17% 提升至 1.64%，年均增加 0.07 个百分点；速效氮从 82.5 mg/kg 增加到 86.9 mg/kg，年均增长 0.63 mg/kg；速效钾由 108.0 mg/kg 增至 139.3 mg/kg，年均增长 4.5 mg/kg；速效磷从 22.6 mg/kg 提升至 26.0 mg/kg，年均增长 0.5 mg/kg。秸秆还田已成为雨养农业区提高土壤肥力、实现小麦持续高产的有效技术手段。

3. 秸秆覆盖小麦全生育期蓄水保墒效果明显，提高了水分利用效率

据试验，玉米收获后进行秸秆还田可以起到明显的保墒作用，为小麦提供了良好的播种基础；在返青期各处理水分差异较小，但仍以深松/覆盖和不深松/覆盖耕层贮水量略高；收获期以对照（CK）土壤含水量最低，深松/覆盖和不深松/覆盖耕层贮水量仍略高于其他不覆盖处理。

（二）作物生理效应

1. 根系建成

小麦越冬期、返青期和灌浆期 0~10 cm 根系干物质密度对照（CK）为最低，返青期和灌浆期 10~20 cm 根系干物质密度以对照最高。

2. 群体构建和干物质运转

覆盖简耕模式下，小麦采取少耕宽窄行播种，最高群体和亩成穗数均略低于常规种植模式，常规种植模式的最高群体平均为 107.3 万，亩成穗数为 47.3 万，而覆盖简耕模式下平均最高群体为 97.8 万，亩成穗数为 44.9 万。从越冬期和拔节期个体发育看，叶龄、分蘖及根系等指标差异较小。

从营养器官花前贮藏同化物的运转量和运转率看，传统翻耕处理与覆盖/深松+覆盖/免耕模式的运转量最大，分别比最低处理高 9.2% 和 7.9%，达到显著水平。而覆盖/不深松+不覆盖/免耕和覆盖/深松+不覆盖/免耕模式的运转率最高，比传统翻耕模

式分别高 22.0% 和 19.1%，达到极显著水平。这表明玉米季深松与小麦季秸秆覆盖免耕播种有利于提升干物质积累量，但干物质向籽粒的运转率较低，而覆盖/不深松+不覆盖/免耕模式则更能促进贮藏同化物向籽粒运转。

3. 产量及三要素

秸秆覆盖还田与免耕技术在实施初期可能出现减产现象，但随着时间推移，这种技术逐渐表现出增产优势，其增产主要得益于耕层水分利用效率的提高和土壤容重的优化。在深松播种玉米+免耕播种小麦（每3年一翻）处理下，小麦产量最高，比深松播种玉米+免耕播种小麦处理增产 2.8%，比传统翻耕模式增产 6.5%。

覆盖简耕技术较农民常规模式小麦产量提升幅度由最初的 3%~5% 逐渐增加到 8%~10%，其优势主要体现在穗粒数和千粒重的提高上。

第三节　小麦垄作节水高效栽培技术与机理

一、小麦垄作节水高效栽培技术

1. 改大水漫灌为小沟渗灌

为沟灌传统平作的地面灌水方式为大水漫灌，不仅浪费水资源，降低水分利用效率，而且造成土壤板结，影响小麦根系乃至整个植株的生长发育。垄作栽培改变了地面灌水方式，即由传统平作的大水漫灌改为小水沟内渗灌，由此不仅可使水分利用效率提高 30%~40%，而且消除了根际土壤的板结现象，为小麦根系的健康生长及土壤微生物的活动创造了良好条件。

2. 革新追肥方式

传统平作的追肥方式多为浇水前撒施于地表，而垄作栽培为

第二章 小麦绿色高质高效种植技术

沟内集中条施,即改传统平作的施肥一大片为沟内集中施肥,会使施肥深度相对增加15~17 cm,肥料利用率提高10%~15%。

3. 探索新的种植方式

我国乃至世界小麦主要以传统平作为主,即将小麦种植于平整的畦面;而垄作栽培则将土壤表面由传统平作的平面形改为波浪形,扩大土壤表面积40%左右,从而增加了光的截获量,光能利用率可提高10%以上。

4. 提高小麦的抗逆能力

小麦垄作栽培的地表特征及种植方式有利于田间的通风透光,从而降低了田间湿度,大大改善了小麦冠层的小气候条件,不仅抑制了小麦纹枯病和小麦白粉病的发生,减轻了小麦常见病害,而且促进了小麦茎秆的健康生长,增强了小麦的抗倒伏能力。

5. 充分发挥边行优势

采用垄作4行非等量播种技术,充分发挥边行优势,改善通风透光条件;改善田间小气候,增加了植株抗逆性,有利于更好地优化小麦群体与个体的关系,最大限度地发挥小麦的边行优势,达到群体适宜、个体健壮、穗足、穗大、粒重的目的,一般会增产10%~15%。

6. 改善小麦群体田间配置

与传统平作相比,垄作栽培更便于田间管理,小麦垄作为麦套作物创造了相对优越的生长条件,减少了对化学除草剂的依赖,大大减轻了农业化学污染及由此引起的未知生态后果的危险性,有利于环保,而且可降低30%的生产成本。

通过配套安全、节本、高效标准化生产技术体系的推广,提高水分利用率,节约灌溉用水,减少灌水次数,提高化肥利用率,减少对环境的污染,节约水资源,这对实现农业的可持续发展具有重要意义。

二、小麦垄作节水高效栽培关键技术机理

(一) 垄作栽培对土壤物理性状的影响

土壤容重是衡量土壤松紧状况的重要标志之一,是土壤质地、结构、孔隙等物理性状的综合反映。垄作栽培较传统平作可以有效地改善小麦根际土壤的物理性状,降低土壤容重,增加土壤总孔隙度。说明垄作条件下,土壤透气性增强,有利于小麦根系生长发育和土壤微生物的活动,由此增强植株中下层根的吸收能力,为延缓植株衰老,延长绿叶功能期打下坚实的基础。

(二) 垄作栽培对土壤地温的影响

春季垄作比传统平作耕层温度提高 0.4~5.0 ℃,垄作与传统平作 0~20 cm 土层的土壤温度变化趋势基本一致,总体上呈现出随土层深度的增加温度最高值出现时间依次后移的规律性;温度变幅垄作>传统平作,说明垄作栽培小麦苗期根系受温度的影响程度要大于传统平作栽培。随气温的回升,春季垄作耕层土壤的温度回升要快于传统平作,从而利于提高分蘖成穗率,具有增穗数、促穗大的双重作用。

(三) 对不同生育时期地温动态变化的影响

垄作与传统平作两种不同栽培方式地温变化趋势基本一致,表层地温变化幅度大于深层地温变化幅度。3 月 12 日以前,气温较低时垄作 0 cm、5 cm、10 cm、20 cm 各层次土壤温度,均低于传统平作;而在气温较高时,则呈相反趋势,明显高于传统平作。各土层地温变幅大小与春季地温日变化呈相同的规律,即 0 cm>5 cm>10 cm>20 cm,且垄作>传统平作。地表最高温度高于传统平作 0.2~5.0 ℃,而地表最低温度则低于传统平作 0.1~2.9 ℃,地表土壤温差垄作高于传统平作 2.0~6.7 ℃,温差增大有利于干物质积累。

(四) 对旗叶光合特性的影响

1. 旗叶净光合速率的变化

各时期垄作处理下垄上两边行小麦旗叶净光合速率明显高于传统平作,且垄作处理下边行和中间行小麦旗叶净光合速率在开花后均呈上升趋势,花后 10 d 达到高峰,然后开始下降。而传统平作处理小麦旗叶净光合速率则表现为开花期最大,花后一直呈下降趋势,说明垄作处理较传统平作可使小麦保持较长的光合速率高值持续期。

2. 旗叶气孔导度的变化

垄作处理小麦旗叶气孔导度在开花期和花后 10 d 均低于传统平作处理,这可能与垄作栽培小麦耕层 (0~20 cm) 部分根系所处土壤水分含量低而造成的部分干旱胁迫有关。花后 20 d 旗叶气孔导度则表现为垄作处理明显高于传统平作,这可能与此时期垄作栽培小麦旗叶叶绿素含量高于传统栽培,进而维持较高生理活性有关。

3. 旗叶叶片蒸腾速率和水分利用效率的变化

由于小麦叶片气孔导度下降,水分由叶片向外排放的阻力增大,这导致蒸腾速率降低。各时期不同处理之间旗叶叶片蒸腾速率的变化与旗叶气孔导度变化有相应的关系,均表现为开花期和花后 10 d,垄作处理低于传统平作,花后 20 d 则高于传统平作。但总体变化趋势有所不同,传统平作和垄作处理中间行旗叶蒸腾速率在花后均呈逐渐下降趋势,垄作处理边行小麦旗叶蒸腾速率表现因品种不同有所差异。

4. 光合参数间的相关性分析

光合参数间相关分析结果表明,旗叶净光合速率与气孔导度和水分利用效率呈显著正相关,相关系数分别为 $r=0.405$ 和 $r=0.701$,气孔导度与叶片蒸腾速率呈极显著正相关,相关系数为 $r=0.688$,叶蒸腾速率与旗叶净光合速率呈极显著正相关,而与叶片水分利用效率呈显著负相关，相关系数分别为 $r=0.701$ 和 $r=-0.485$。

以上结果表明，气孔开度的大小与旗叶净光合速率和叶片蒸腾速率提高密切相关，水分利用效率的提高则是小麦旗叶光合速率提高和蒸腾速率下降共同作用结果。

(五) 垄作栽培对小麦生长发育的影响

1. 对小麦根系的影响

垄作栽培处理下，可以有效提高小麦次生根数目，增加小麦根系干物质积累量。进入灌浆后，植株根系衰老，根系数目减少。但垄作栽培措施下，小麦次生根数目在成熟期又略有回升。说明采用垄作栽培措施可以提高小麦的发根能力，增强小麦发根潜能，延缓植株衰亡的变化过程，使灌浆期延长，从而达到增产目的。

2. 对小麦基部干物质积累量的影响

研究结果证明，小麦植株抗倒伏指数与基部第一节间与第二节间茎秆长度及干物质积累量有密切关系。实验结果证明，垄作栽培较传统平作栽培可以有效缩短小麦植株第一、第二节间长度，增加基部节间单位长度干物质积累量，从而增加茎秆强度，增强小麦植株抗倒伏能力，为小麦高产打下良好基础。

3. 对小麦干物质积累运转的影响

小麦籽粒形成过程中，源（叶）同化物的生成、转化及向库（籽粒）中的分配累积能力是制约产量的重要因素，一般认为小麦籽粒产量的大部分来自花后光合产物的积累。实验结果表明，小麦起垄栽培在一定程度上提高了花前营养器官干物质积累量及成熟期植株光合产物总同化量，显著提高小麦花后干物质转运量及对籽粒的贡献率，而降低了花后同化物质对籽粒的贡献率，说明小麦垄作较传统平作可以有效促进花前营养器官干物质的贮藏及其向籽粒地再运转，提高籽粒产量。

4. 对旗叶叶绿素含量的影响

小麦整个生育时期垄作栽培旗叶叶绿素含量始终略高于传统平作,且开花后旗叶叶绿素的降解速率表现为:传统平作>垄作。说明垄作栽培有利于延缓小麦衰老,延长小麦灌浆时间,提高小麦产量。

第四节 小麦主要病虫害识别与防控

一、小麦主要病害识别与防治

(一)小麦黄矮病

麦类黄矮病是由麦蚜(主要是麦二叉蚜)传毒引起的一种病毒病,主要发生在大麦、小麦及燕麦上。在我国则以小麦上的危害较显著,故称小麦黄矮病。

1. 识别要点

小麦黄矮病的典型症状是叶片黄化、植株矮化,且从新叶开始发病,由叶尖逐渐向叶基扩展,黄化范围一般为叶片的1/3~1/2。部分叶片可出现与叶脉平行的黄绿相间条纹,但不受叶脉限制。抽穗期感染时,植株矮化不明显,仅表现为旗叶发黄,同时籽粒重量降低。田间发病往往以中心病株开始,逐步向四周扩展。

2. 防治方法

(1)农业防治。选用抗病品种。

(2)化学防治。①种子处理:用70%吡虫啉可湿性粉剂30 g兑水700 mL,拌种10 kg。②田间喷雾:及时防治蚜虫,每亩用50%抗蚜威可湿性粉剂10 g兑水30 kg,或10%吡虫啉可湿性粉剂1 500倍液进行茎叶喷雾。

（二）小麦黄花叶病

小麦黄花叶病是早春麦田近年来发生很快的一种病毒病害，且逐年加重。感病小麦植株矮化，穗小粒少，籽粒秕瘦。一般病田减产10%~50%，重者可减产60%~80%，甚至绝收。

1. 识别要点

黄花叶病冬前不显症状，春季返青后才开始表现，初期心叶上出现长短不等的褪绿条状斑，进一步扩展后形成不规则淡褐色条斑或黄花叶状病斑。严重时植株矮化，穗小粒少，籽粒秕瘦。

2. 防治方法

（1）农业防治。①选择抗病品种。②实行轮作换茬，与油菜或大麦轮作。③加强管理，对发病田块及时追肥，促进苗情恢复。

（2）化学防治。每亩可用25%菌毒清0.5 kg进行茎叶喷雾，或每亩用尿素5 kg或碳酸氢铵15 kg于雨天撒施。

（三）小麦根腐病

小麦根腐病又称根腐叶斑病或黑胚病、青枯病，分布很广，尤其是多雨年份和潮湿地区发生更重。

1. 识别要点

根腐病在小麦各生育期均能发生，苗期表现为苗枯，成株期可导致茎基部枯死、叶枯及穗枯。种子带病时，可能影响发芽率并导致幼根腐烂。潮湿环境下常伴有叶斑、茎枯和穗颈枯死等表现，严重时形成枯白穗，降低产量和品质。

2. 防治方法

小麦根腐病应从小麦出苗后根据麦苗长势，及时防病。一些农民对小麦根腐病的发病原因及造成的危害认识不足，直到麦苗拔节表现症状时才发现并防治，此时用药控制为时已晚。

（1）农业防治。①选用不带菌的小麦良种。②与非禾本科作物实行3年以上轮作。③麦收后及时翻耕灭茬。

第二章 小麦绿色高质高效种植技术

（2）化学防治。①种子处理：播种前用15%三唑酮按种子量的0.03%浸种24 h，或2.5%咯菌腈种衣剂按1∶500包衣。②返青期防治：每亩用12.5%烯唑醇可湿性粉剂50 g，兑水50~70 L浇灌茎基部。③穗期防治：喷施50%多菌灵或70%甲基硫菌灵可湿性粉剂，每亩用药100 g，兑水50~70 L喷雾。

（四）小麦条锈病

1. 识别要点

条锈病主要危害叶片，表现为叶脉平行排列的小长条状鲜黄色夏孢子堆，椭圆形且排列呈虚线状。严重时可危害叶鞘、茎秆和穗部。

2. 防治方法

（1）农业防治。①种植抗病品种。②适期播种，适当晚播，可减轻秋苗期条锈病的发生。③小麦收获后及时翻耕灭茬，清除自生麦苗。

（2）化学防治。①种子处理：用25%三唑酮可湿性粉剂120 g拌种100 kg，播种前闷1~2 h。②田间喷雾：病叶率达0.5%时，每亩喷施12.5%烯唑醇可湿性粉剂30~50 g，隔10 d喷1次。

（五）小麦叶锈病

1. 识别要点

叶锈病主要危害叶片，夏孢子堆呈橘红色，比条锈病大且散生，不规则分布，偶尔穿透叶片。冬孢子堆则呈黑色，主要产生在叶背及叶鞘上，表皮不破裂。

2. 防治方法

（1）农业防治。①选用抗病品种。②加强管理。

（2）化学防治。①种子处理：用25%三唑酮粉剂按种子重量的0.12%拌种，或用2.5%咯菌腈悬浮种衣剂拌种。②田间喷药：病叶率达5%时，每亩用15%三唑酮粉剂50 g或20%三唑酮乳油

40 mL，兑水喷雾。

二、小麦主要虫害识别与防治

（一）小麦地下害虫

危害小麦的地下害虫主要有蝼蛄、蛴螬、金针虫3种，主要发生在小麦秋苗期和返青后至灌浆期。

1. 识别要点

蝼蛄：从播种至乳熟期均可能危害，以成虫或若虫啃食发芽种子和幼根嫩茎，使受害部位呈丝状或乱麻状，幼苗生长不良甚至枯死，并因土表隧道造成根土分离，引起缺苗断垄。

蛴螬：幼虫咬食地下分蘖节，导致麦苗根茎断裂、枯死。

金针虫：以幼虫危害为主，啃食发芽种子及根茎交接处，受害部分呈乱麻状，导致枯心苗甚至整株枯死。

2. 防治方法

（1）农业防治。①深翻土地，精耕细作，可有效压低虫口密度15%~30%。②采用合理耕作制度，适时调整茬口，进行轮作，有条件的可实行水旱轮作。③尽量施用腐熟有机肥，以减少蝼蛄、蛴螬害虫。

（2）化学防治。①种子处理。每100 kg种子用40%辛硫磷乳油100 mL，对适量水混成均一药液，将药液喷在种子上，边喷边翻拌直至混合均匀。②药液灌根。枯心苗率达3%时，用40%辛硫磷乳油800倍液灌根。

（二）小麦蚜虫

小麦蚜虫分布极广，几乎遍及世界各小麦产区。我国危害小麦的蚜虫有多种，通常以麦长管蚜和麦二叉蚜发生数量最多，危害最重。

1. 识别要点

麦蚜自秋苗期始至小麦收获期均可发生危害，尤以穗期最为

严重。蚜虫吸食叶片汁液并分泌蜜露,导致叶片枯黄、生长停滞、分蘖减少。后期严重时,麦株枯黄、籽粒不饱满,甚至出现枯穗或整株死亡。

2. 防治方法

(1)农业防治。①合理布局。冬、春麦混种区尽量使秋季作物单一化,尽可能为玉米或谷子等。②冬麦适当晚播,清除田内外杂草,实行冬灌。

(2)化学防治。①种子处理。每 100 kg 种子用 600 g/L 吡虫啉悬浮种衣剂 200 mL,兑水 1 000 mL,混合均匀后喷洒种子表面,可使用包衣机进行专业包衣处理。②大田喷雾。当百穗蚜虫数达到 500 头时,每亩可用 20% 丁硫克百威乳油 30~40 mL,或 22% 噻虫·高氯氟微囊悬浮剂 10~15 mL,或 2.5% 高效氯氟氰菊酯乳油 20~24 mL,兑水均匀喷雾。

(3)生物防治。利用天敌进行蚜虫防控,包括瓢虫、食蚜蝇、草蛉、蜘蛛和蚜茧蜂等。当田间益害比达 1∶80 或僵蚜率超 30% 时,应优先利用天敌,避免使用化学农药。

(三)小麦蜘蛛

小麦蜘蛛的发生主要分布于山东省、山西省、江苏省、安徽省、河南省、四川省、陕西省。常见的小麦蜘蛛主要有两种,麦长腿蜘蛛和麦圆蜘蛛。

1. 识别要点

两种小麦蜘蛛于春秋两季吸取麦株汁液,被害麦叶先呈白斑,后变黄,轻则影响小麦生长,造成植株矮小,穗少粒轻,重则整株干枯死亡。

小麦蜘蛛在连作麦田以及靠近杂草较多的地块发生危害严重,水旱轮作和收麦后深翻的地块发生轻麦长腿蜘蛛的适温为 15~20 ℃,适宜湿度在 50% 以下,所以秋雨少,春暖干旱,以及在壤土、黏土麦田发生严重。麦圆蜘蛛的适温为 8~15 ℃,适宜湿度为80%以上。因此，秋雨多，春季阴凉多雨，以及沙壤土麦田易发生严重。

2. 防治方法

（1）农业防治。采用轮作倒茬，合理灌溉，麦收后深耕灭茬等措施降低虫源。

（2）化学防治。单行600头/m时，每亩用15%哒螨灵乳油15~20 mL或1.8%阿维菌素乳油15~20 mL，兑水均匀喷雾。

（四）小麦吸浆虫

小麦吸浆虫为世界性害虫，广泛分布于我国主要小麦产区。我国的小麦吸浆虫主要有两种，即小麦红吸浆虫和小麦黄吸浆虫。

1. 识别要点

小麦吸浆虫以幼虫潜伏在颖壳内吸食正在灌浆的麦粒汁液，造成秕粒、空壳。

2. 防治方法

（1）农业防治。①选用抗虫品种。选择穗形紧密、内外颖毛长而密、麦粒皮厚、浆液不易外流的小麦品种。②轮作倒茬。与油菜、豆类、棉花和水稻等作物轮作，压低虫口数量在小麦吸浆虫发生严重的大田及其周围，可实行棉、麦间作或改种油菜、大蒜等作物。

（2）化学防治。①返青至抽穗前，羽化出土时每个样方（10 cm×10 cm×20 cm）5头时，每亩用50%辛硫磷0.5~1 kg拌细砂15~20 kg均匀撒入麦田中，再浇一次水，能杀死刚羽化的成虫、幼虫和蛹。②穗期，网捕（10复次）10~25头时，每亩用36%啶虫脒水分散粒剂25 g或4.5%高效氯氰菊酯乳油15 mL，兑水均匀喷雾。

第三章　谷子绿色高质高效种植技术

第一节　麦茬直播谷子高产栽培技术

一、产地环境

选择地势平坦、无涝洼、无污染、有灌溉条件的地块。

二、播前准备

（1）小麦秸秆粉碎还田。用秸秆还田机切碎前茬秸秆，麦茬高度应控制 15 cm 以内，秸秆切碎长度不超过 15 cm，并做到麦秸抛撒覆盖均匀。

（2）造墒。播种前如墒情不足，应于小麦收获后浇地造墒。

（3）选择免耕播种机。选用可一次性完成破茬清垄、精密播种、施肥、覆土镇压等多项作业的免耕播种机。

（4）品种选择。选择适合当地条件的抗旱、抗倒伏、高产优质、适宜机械化收获的谷子品种，可选用豫谷 18、豫谷 19、冀谷 19 等。

（5）种子处理。

（6）晒种。播种前 10 d 内晒种 1~2 d，但防止暴晒，以免降低发芽率。

（7）精选种子。播种前对种子进行精选，用 10% 盐水对种子进行精选，清除草籽、杂物等，清水洗净，晾干。

三、播种

（1）播期与播量。小麦收获后及时播种，适宜亩播种量为 0.4~0.6 kg。根据土壤墒情、种子发芽率控制用种量，以不缺苗不间苗为宜。

（2）播种。播种行距一般为 50 cm，播种深度 2~3 cm。播种要匀速，保证破茬清垄效果，播种、施肥、镇压均匀。

四、施肥

（1）基肥。中等地力条件下，亩施氮磷钾复合肥 30 kg 做底肥。

（2）追肥。分拔节肥和花粒肥 2 次施用。拔节肥：拔节期结合灌水亩追施尿素 10~15 kg；花粒肥：灌浆初期叶面喷施 0.2% 磷酸二氢钾水溶液 2 次。

五、田间管理

（1）杂草防治。播种后出苗前可采用 44% 单嘧磺隆（谷友）每亩 100~120g 封地处理。

抗除草剂品种采用配套除草剂化学除草。

（2）病虫害防治。

谷瘟病：发病初期用 40% 克瘟散乳油 500~800 倍液喷雾，或 6% 春雷霉素可湿性粉剂 500~600 倍液喷雾，每亩用药液 40 kg。

白发病：用 25% 的甲霜灵（瑞毒霉）可湿性粉剂按种子重量的 0.3% 拌种。

黏虫：高效、低毒、低残留的菊酯类农药，兑水常规喷雾。

玉米螟：播种后 1 个月左右（孕穗初期）用高效、低毒、低残留的菊酯类农药，兑水常规喷雾。

地下害虫防治：用 50% 辛硫磷乳油 30 mL，加水 200 mL，拌

种 10 kg，防治蛴螬、金针虫、蝼蛄等地下害虫及谷子线虫病。

六、机械收获

一般在蜡熟末期或完熟初期，此期种子含水量 20% 左右，95% 谷粒硬化。采用联合收割机收获，可大幅度提高生产效率。

第二节 无公害高产高效谷子栽培技术

一、轮作倒茬和选地整地

谷子必须合理轮作倒茬，最好相隔 2~3 年。前茬以豆类最好。选择 pH 在 7 左右的壤土，谷子粒小，要求精细整地。

（1）春播。前茬作物收获后，及时进行秋翻，秋翻深度一般在 20~25 cm，要求深浅一致、平整严实、不漏耕。底肥可随秋翻施入。早春耙耕，使土壤疏松，达到上平下碎。

（2）夏播。前茬作物收获后，有条件的可以进行浅耕或浅松，抢茬的可以贴茬播种。

二、播种

种子品质：种子发芽率不低于 85%，纯度不低于 97%，净度不低于 98%，含水率不高于 13%。

种子处理：播前 10 d 内，晒种 1~2 d 提高种子发芽率和发芽势。用 10% 盐水进行种子精选，去除杂质。清水洗净后，晾干。

精量播种。

（1）播期。春播：10 cm 地温稳定在 10 ℃ 以上就可以播种。但也不宜过早，避免谷子病害发病严重。一般在 5 月上旬开始播种。夏播：前茬收获后应抢时播种，越早越好。争取 6 月底前完成播种。

（2）播量。建议使用精播机播种，亩用种量 0.4~0.6 kg。墒情好的春白地 0.4 kg 左右，贴茬播种 0.5~0.6 kg。播种做到深浅一致，覆土均匀，覆土适墒镇压。

（3）种植方式。行距 40~50 cm，株距 3~4 cm，每亩留苗 4 万~5 万株。

三、田间管理

（一）间苗、定苗

俗话说"谷间寸、顶上粪"，说明早间苗的重要，4~5 叶间苗、6~7 叶定苗，提倡单株留苗或小撮留苗（3~5 株），撮间距 15~20 cm 中耕后进行一次"清垄"，拔去谷莠子、病株、杂株等。

（二）化学除草

每亩用 44%谷友可湿性粉剂 80~120 g 兑水 50 kg，播后苗前土壤喷雾，防除阔叶和禾本科杂草。

（三）中耕管理

幼苗期结合间定苗中耕除草。拔节后，细清垄，进行第二次深中耕，将杂草、病苗、弱苗清除，并高培土。孕穗中期进行第三次浅锄，做到"头遍浅，二遍深，三遍不伤根"。

（四）水分管理

全生育期谷子对水分需求量在每亩 130~300 m^3，平均为 200 m^3。拔节期、抽穗期如发生干旱应及时灌水，灌浆期如发生干旱应隔垄轻灌。

（五）施肥管理

（1）施肥量。亩施腐熟的优质有机肥 1 500 kg 以上，施磷酸二铵 10 kg、尿素 10~15 kg、硫酸钾 3~5 kg。

（2）施肥方法。磷酸二铵和硫酸钾全部用做底肥，尿素 1/2

做种肥，1/2做追肥，追肥时间为孕穗期中期。

(六) *病虫害防治*

谷瘟病：发病初期用40%克瘟散乳油500~800倍液喷雾，每亩用量75~100 kg；或用春雷霉素80万单位喷雾，每亩75~100 kg。

白发病：用35%的甲霜灵可湿性粉剂按种子重量的0.3%拌种。

黏虫：用高效、低毒、低残留的菊酯类农药，兑水常规喷雾。

玉米螟：播种后1个月左右（孕穗初期）用高效、低毒、低残留的菊酯类农药，兑水常规喷雾。

地下害虫防治：50%辛硫磷乳油按种子量0.2%用量拌种或浸种，或用50%辛硫磷乳油按1L加75 kg煮半熟的玉米面拌匀后闷5 h，晾晒干，播种时施入播种沟内。

四、谷子收获

谷子以蜡熟末期或完熟初期收获最好，收获割下的谷穗要及时进行摊晒防止发芽、霉变。大片地块推荐使用谷子联合收割机收获。

第三节　谷子主要病虫害识别与防控

一、谷子主要病害

(一) *白发病*

1. *识别要点*

白发病伴随谷子的一生，各个时期均可发生。幼苗发病，受病嫩叶初时略呈白色，渐呈黄绿色，随之黄色变浓，绿色减淡，

病叶稍变厚并卷曲。同时产生与叶脉平行的苍白色或黄白色条纹，叶背密生粉状白色霉菌。严重感病的叶子由黄变为深褐色，卷折死亡；生长株发病，叶片组织纵向分裂成细丝，卷曲如发，上面沾满黄色孢子粉，孢子粉散后为白色，严重时，心叶不能展开，呈深褐色，并枯死直立在田间；病株抽穗后，病穗短缩肥肿，全部或部分变为畸形，小花内外颖异常伸长，互相卷抱成角状或叶状，深褐色，组织破裂。

2. 防治方法

（1）选用抗病品种。

（2）轮作倒茬。谷子连作病虫害发生严重，杂草滋生，地力减退，尤其是白发病发生较重，连作3年，白发病发病率高达36.4%。轮作1年，发病率可降到3.7%，轮作3年，发病率仅为0.50%，合理轮作是预防粟类作物白发病的有效措施，同时可消灭草荒。合理的轮作方式为豆类－粟类－玉米（高粱）－马铃薯（棉花、小麦）。

（3）种子处理。盐水选后的种子，播前用25%瑞毒霉可湿性粉剂，按种子重量的0.3%拌种，预防白发病。

（二）黑穗病

1. 识别要点

穗子感病。抽穗前，花颖呈灰白色。抽出的病穗，由于品种不同，可呈现污黄、灰黄或污白等不健全的颜色。穗上子房，开始在黄白色薄膜内形成病原菌孢子堆，病粒稍大，呈卵状或球状，膜破裂后，暴露出黑色孢子团，并散发黑粉。患病植株，穗子变小，有整穗发病，也有局部穗子发病，病穗软而短小直立。

2. 防治方法

（1）选用抗病品种。

（2）种子处理。盐水选后的种子，播前用2%立克秀可湿性粉剂，按种子重量的0.1%~0.2%拌种，可预防黑穗病。

(3) 建立无病留种田。

(三) 谷瘟病

1. 识别要点

主要危害叶片、茎节和穗颈。叶瘟，自幼苗到成株均发病，以苗期到拔节期较普遍。发病叶片呈现长 1~5 mm、宽 1~3 mm 或 8 mm 以上的条斑，病斑开始青褐色或黄褐色，渐呈深褐色，中央枯死部分为灰褐色，上面生长褐色菌，周边为深褐色或深紫色，周缘界限明显。茎节瘟，抽穗前后，在叶鞘基部下的茎节及茎间表面呈现黄褐色或褐色或褐黑色小病痕，稍陷入，周缘界限不明显，茎节常向一侧萎缩并开裂，节间逐渐干枯和缩小，严重的病株，茎秆易倾斜和折倒。病株尚未抽出的穗，在叶鞘中干枯，已抽出的穗呈灰青色、灰黄色（黄颖品种）或灰红色（红颖品种），干枯，疏松，籽实秕糠。穗颈瘟（为害最重），通常在第一穗轴上下方开始呈现浅褐色、扩散状、界限不明显的病痕，并逐渐扩大，至环绕整个穗轴及茎节。同时，颜色加深为深褐色或褐色，整个穗轴出现分散的小病痕或灰青色而无明显界限的病痕，干化并收缩。

2. 防治方法

（1）选用抗病品种。

（2）药物防治。可用 65% 代森锌可湿性粉剂 500 倍液，或 50% 代森铵可湿性粉剂 800 倍液，或 50% 退菌特可湿性粉剂 800 倍液喷洒，严重的地块，第一次喷药 5~7 d 后再喷 1 次。A 级绿色食品生产田，可选用 80 mg/L 春雷霉素药液防治。

(四) 锈病

1. 识别要点

锈病主要在叶片和叶鞘上面产生锈菌进行侵害，一般在抽穗初期发生。初发时在叶片两面，特别是背面产生深红褐色、呈长圆形或椭圆形斑点的夏孢子堆。孢子堆散生或排列成行，如生长过密,导致叶片枯死。后期在叶片和叶鞘上散生大量灰黑色小点的冬孢子堆,长期在寄主表皮下掩盖。

2. 防治方法

(1) 选用抗病品种。

(2) 种子处理。播前用20%萎锈灵可湿性粉剂,按种子重量0.3%~0.5%拌种。

(3) 药物防治。可用0.2%的65%代森锌药液防治,或0.4~0.5波美度石硫合剂,每隔10 d喷施1次,连续喷施2~3次。

二、谷子主要虫害

(一) 地下害虫(蝼蛄、蛴螬、地老虎、金针虫等)

防治方法。①深翻土壤。秋季深翻土壤,破坏幼虫在土壤中越冬环境,同时杀伤一部分虫体。②合理轮作。改变同类作物连续种植的习惯,降低虫口密度。③施肥控虫。施用腐熟的优质农肥,减少虫卵随粪肥进入田间。④消灭杂草,减轻虫害。⑤种子处理。用50%辛硫磷乳油50 mL兑水250 mL,拌入50 kg种子中,将拌好的种子放在背阴处闷2~3 h,防治地下害虫。⑥毒饵诱杀。用90%敌百虫原粉0.5 kg兑水10 kg,拌入25 kg炒香的麦麸中,制成毒饵,或用新鲜蔬菜叶浸入90%晶体敌百虫400倍液中10 min,于黄昏或早晨撒在垄沟诱杀害虫。

(二) 黏虫

1. 危害特点

一年发生2~3个重叠世代,以第二代发生量最大,于6—7月危害粟类等禾本科作物。成虫在谷子等粟类作物上产卵多选择上部第1~3片嫩叶的尖端、枯心苗、干叶梢、打卷干叶及白发病株上,卵圆形,乳白色中间带有弧形皱纹,每几十至几百粒成行或重叠排列成块。成虫昼伏夜出,无风晴朗的夜晚活动更盛,趋光性较弱,对糖、醋、酒等发酵物有强烈的趋味性。幼虫有6

龄，先群集后吐丝分散，具有假死和迁移能力较强的特性，也能昼伏夜出。阴雨天气，整天取食危害作物。低龄幼虫多潜伏在心叶中、裂开的叶鞘、穗码或卷起的干叶内，啃食一些叶肉，形成条纹形的被害状，3龄前幼虫食量小，抗药力弱；3龄幼虫沿叶边缘为害，咬成缺口；5、6龄幼虫进入暴食期，可食尽整个叶片或其大部，残留少许叶脉。

2. 防治方法

诱杀成虫。用糖醋液诱杀，或设置杨树枝把诱杀，或用黑光灯诱杀。

诱蛾采卵。在田间插各种草把（谷草、稻草、玉米干叶）诱蛾产卵，集中消灭。

药物防治。用90%晶体敌百虫800倍液，或10%氯氰菊酯乳油喷洒。

（三）粟灰螟

1. 危害特点

粟灰螟是粟类作物主要虫害，以幼虫蛀食茎髓而危害其生长发育，苗期形成枯心，后期蛀食基部造成倒折，或营养中断，形成秕粒，减产严重。

2. 防治方法

灯光诱杀。于粟灰螟成虫羽化初期，开始用黑光灯诱杀。

生物防治。在粟灰螟产卵始、盛、末期，各放赤眼蜂1次，进行生物防治。

寄主处理。对粟灰螟寄主的秸秆、根茬，用100 g/m³白僵菌剂封垛。

药物防治。喷施10%氯氰菊酯乳油，每亩用量20~30 mL。

第四章 水稻绿色高质高效种植技术

第一节 一季稻高产优质栽培技术

一、选择高产优质品种

根据光温条件选取生育期相当的品种组合,以充分利用光热资源并确保水稻正常生长成熟。例如,沿淮及沿江山区选全生育期约 130 d 的品种,江淮地区选 135~145 d 品种,长江以南地区则选 140~150 d 以上的品种。

在生育期允许范围内,优先选择增产潜力大、穗大粒多、千粒重高、耐肥抗倒、抗病虫、高抗逆性的优质品种,以最大化发挥增产优势。

二、确定最佳播种期

最佳播种期的确定是为了趋利避害,使水稻各个生育阶段都能处于一个相对适宜的环境,能尽量避开高温、冷害等不利因素危害。安排播种期主要考虑抽穗期间的气象因素的影响。首先要保证安全齐穗,要在秋季温度降到 23 ℃(粳稻 21 ℃)以前抽穗,山区更要重视避免"冷风"危害。在孕穗至开花灌浆期要有一段晴好天气(30~40 d)。抽穗开花期对环境敏感,灌浆期要有较多的光合产物,因此要把抽穗扬花期尽可能安排在日均温 25~28 ℃,雨量相对较少的季节。我国大部分地区 8 月中下旬光温条件较好,是安排抽穗期最佳时期。不可将抽穗期安排在 7 月底至

第四章 水稻绿色高质高效种植技术

8月初,此时抽穗会碰到35℃以上持续高温危害,结实率会严重下降而减产。但抽穗期也不宜推迟到9月上旬以后,因为现在推广应用的高产品种,由于穗大粒多,灌浆时间较长,有的超过40℃,到9月气温下降很快,低温会使灌浆速度变慢,成熟期推迟,甚至结实不充实而降低产量和品质。最佳抽穗期确定后,根据选用品种在当地的播始历期(即播种到始穗的天数)向前推算出播种期。生产上应用的一季稻品种,其播始历期多在100 d左右,以8月10日抽穗向前推算,播种期应在5月2日前后。此时播种育秧,气温较稳定,一般不会出现烂芽、烂秧等现象。山区和北方地区可采取盖膜旱育秧,提前到4月中下旬播种。

三、培育多蘖壮秧

(一)培育多蘖壮秧的作用与标准

多蘖壮秧能够提高移栽后秧苗的质量,表现为生根快、返青早、分蘖迅速,有助于建立高产群体并形成大穗。壮秧抽穗整齐、成熟一致,抗灾能力强,促进干物质快速积累,后期向籽粒的运转效率更高。此外,多蘖壮秧带有更多分蘖,可节约种子,降低生产成本。标准为:30~40 d秧龄达6~7叶龄,单株带2~3个蘖;45~55 d秧龄达8~10叶龄,单株带3~4个蘖,且根系发达,白根数量多,茎基部粗壮,绿叶数多。

(二)种子浸泡与催芽

杂交中稻种子易感苗期病害,需消毒并控制浸种时间。用100 mg/L烯效唑溶液浸种,能防控病害,降低苗高,促进分蘖,有助于壮秧培育。具体操作为:10 kg烯效唑药液可浸7 kg种子,浸泡6~8 h,沥水4~6 h后反复处理,2 d后用清水洗净催芽。5月初温度较高时,可反复至种子破胸露白后清洗晾干备用。常规稻种子可连续浸泡36~48 h或采用日浸夜露法,待破胸露白后播种。

(三) 稀播与化控

稀播为秧苗提供充足的营养和空间,是培育壮秧的重要基础。播种量应随秧龄及育秧方式调整:秧龄短则适当增加播量,秧龄长则减少播量。30 d 秧龄时,旱育秧每平方米播种 75~100 g,湿润育秧每亩 12.5 kg;40~50 d 秧龄时,旱育秧每平方米播种 40~50 g,湿润育秧每亩 8~10 kg。干旱或深水栽秧区,采取稀播以防止早硬或小分蘖损失。播后应均匀覆盖草木灰或壳料,未用烯效唑浸种的秧苗可在 1 叶 1 心期喷洒 15% 多效唑,每亩用 200 g 兑水 100 kg 喷雾;秧龄 50 d 时,可在 4 叶期追加喷洒 150 g 多效唑。

(四) 肥料管理

湿润育秧整地时,每亩施腐熟有机肥 1 000~2 000 kg、尿素 8 kg、过磷酸钙 30 kg;播后畦面施尿素和氯化钾各 3~5 kg。1 叶 1 心期每亩追尿素 3 kg,3~4 叶期再追 5 kg,移栽前 3~5 d 追送嫁肥尿素 5 kg。秧龄超 40 d 时,播后 20~23 d 每亩追尿素 5 kg。旱育秧需播前 10~15 d 施基肥,每亩施尿素 35 kg、过磷酸钙 100 kg、氯化钾 20 kg,并结合浇水在 1 叶 1 心期追施尿素 15 g/m²,移栽前 3~5 d 追送嫁肥尿素 15 g/m²,兑水喷施后及时清洗防烧苗。

(五) 水分管理

3 叶期前保持畦面湿润但不上水,3 叶期后保持浅水状态以免拔秧困难。山区或干旱季节可适时控水,避免秧龄超龄导致减产。如秧苗早晨叶尖挂露水且中午不卷叶,则无须浇水;如叶片卷曲,应及时浇透水。雨季需盖膜防雨淋,以保秧苗生长优势。移栽前一天充分浇水,便于起秧和移栽操作。

四、适时栽插,合理密植

(一) 适时栽插

水稻的适时栽插对于实现高产、稳产和优质至关重要。栽插时间应依据气温、苗情、茬口以及劳动力情况合理安排,而不能统一固定。对于北方单季稻区、南方冬闲田或绿肥茬田,以及山区冬闲田的一季稻,应以适时早栽为主,选择小苗移栽。早栽的优势在于增穗增产。春夏交替的早插环境中,白天高温、夜晚低温的刺激有利于低节位分蘖的产生,同时延长有效分蘖期,确保目标穗数。此外,早插秧的营养生长期较长,干物质积累量大,有助于大穗的形成、提高穗粒数及结实率,还能增强抗病抗倒能力。适时早栽需以温度适宜为前提,确保秧苗在移栽后能安全成活。水稻成活的最低温度为 12.5 ℃,粳稻幼苗的生长起点温度为 12 ℃,籼稻为 14 ℃,而杂交籼稻幼苗需更高的温度(≥15 ℃)。各地应根据气温稳定通过这些临界温度来确定移栽时机。对于多熟制地区(如油菜-稻或麦-稻茬),栽插时间取决于前茬作物的收获时间,尽量在 7~10 d 内完成。秧龄 40~45 d、叶龄 7~8 的多蘖壮秧最适合栽插,这类壮秧分蘖力强,移栽后生长快。相比之下,秧龄过小(4~5 叶龄)的秧苗因分蘖能力弱且容易损失低节位分蘖,不宜移栽。因此,应根据实际情况灵活调整栽插时间,选择 3.0~3.5 叶龄的小苗或 6.5 叶龄以上的大苗移栽,以充分利用低节位分蘖促进大穗形成。

(二)合理密植

合理密植是水稻高产的重要措施。随着栽插密度增加,单位面积穗数增加,但穗数过多时每穗粒数减少,甚至导致单位面积总粒数下降。反之,密度过低时,虽然穗粒数和结实率提高,但总穗数减少,影响产量。因此,合理密植需综合考虑品种特性、生育期长短、土壤肥力及气候条件,使穗数、穗粒数与结实率达到最佳组合。有效穗数是产量的核心,其形成主要受栽插密度影响,在栽插后 20 d 内基本确定。矮秆、紧凑型品种因叶片直立、群体透光性好,可适当密植;而松散型、叶片披垂的品种则宜稀植。籼稻分蘖力强,应比粳稻稀植;杂交稻因杂种优势分蘖力更

强,也需稀植。短生育期品种分蘖时间短,应密植,而长生育期品种则可稀植。在土壤肥力差或施肥较多时,可降低密度;肥力较好时,则适当增加密度。以杂交中稻为例,30 d 秧龄时每穴栽 3~4 株,50 d 秧龄时每穴栽 5~6 株,每株可形成 10 个穗。当目标产量为 600 kg/亩时,多穗型品种需 18 万~20 万个有效穗,每亩基本苗 7.5 万~9 万株;大穗型品种则需 15 万~16 万个有效穗,每亩基本苗 6 万~7.5 万株。

(三) 栽插方式

栽插方式影响植株间光照、通风条件及营养分配,从而改变产量构成因素。主要栽插形式有正方形、长方形(宽行窄株)和宽窄行相间 3 种。研究表明,宽行窄株栽插增产效果显著。该方式通过改善光能利用及群体透光性,缓解密植条件下的倒伏和病虫害问题,有利于穗多、粒多的协调发展。

宽行窄株的第一、第二节间较短,通风透光效果更好,抗倒伏能力增强,同时降低了纹枯病发生率。栽插方向一般以东西行向为佳,可减少植株遮光,提高光合作用效率,增加干物质积累并改善田间小气候。一季稻建议采用 13.3 cm×30.0 cm 或 16.5 cm×35.0 cm 的密度,每穴栽 4~5 株蘖苗,尽量保持东西行向。

(四) 提高栽插质量

栽插质量决定秧苗生根、返青及分蘖的效果,从而影响最终产量。优质栽插需做到浅插、直插、匀插和稳插。浅插可将发根节置于浅土层,利用较高的温度和显著的日夜温差促进分蘖和光合效率提升。减少植伤是保证秧苗早活棵的重要措施,健壮秧苗、带土移栽和小苗移栽均能减少植伤。此外,秧苗应直立分布均匀,避免浮秧倒苗和缺株少穴。栽插宜现拔现栽或上午拔秧下午栽,避免烈日暴晒或隔夜栽插,以防秧苗失水降低活力。通过科学操作和规范管理,提升栽插质量可为水稻高产稳产打下坚实基础。

第二节 双季稻高产优质栽培技术

一、双季早稻高产栽培技术

(一) 选用高产良种，建立合理的高产群体穗粒结构

1. 选用配套良种

早稻品种选择需兼顾早稻和晚稻的产量表现，合理搭配以确保全年丰收。北方双季稻区适宜选择早熟或中熟品种，全生育期在 105~110 d，最长不超过 115 d。早熟品种需确保 7 月 20 日前成熟，迟熟品种则要求在 7 月底前成熟。根据实际情况可适当提前播种，采用薄膜保温旱育秧技术延长秧龄，实现早熟早让茬。南方双季稻区则宜选中晚熟品种，通过保温育秧提前播种 10 d 左右，促进早熟。

2. 早稻单产每亩 500 kg 以上的穗粒结构

选定品种后，应根据其稻穗大小及特性，建立相应的高产穗粒结构作为生产目标。早稻品种按稻穗颖粒数可分为大穗型、中穗型和小穗型 3 种类型，其高产结构各有差异。大穗型品种的穗粒结构为每亩有效穗 20 万~22 万穗，每穗 120~130 粒，结实率约 85%，千粒重 23~26 g。中等穗型品种的穗粒结构为每亩有效穗 23 万~25 万穗，每穗 100~110 粒，结实率 85%~90%，千粒重 24~26 g。小穗型品种的穗粒结构为每亩有效穗 27 万~29 万穗，每穗 80~90 粒，结实率 85%~90%，千粒重 25~28 g。

(二) 培育壮秧技术

1. 播栽期的合理确定

早稻播栽期需与苗床温度稳定达到 14 ℃以上相适应。双季稻北缘地区约在 4 月 10 日达到此温度，可在 3 月 20 日—25 日播种，4 月 25 日—30 日移栽。油菜茬田播期为 4 月 5 日—10 日，

移栽期为 5 月 15 日—20 日。南方早稻则根据气温提前播种,以提高秧苗素质和早稻产量。

2. 播种量

湿润育秧的早稻单产每亩 500 kg 以上时,每亩秧田的播种量为常规稻 25~30 kg,杂交稻 15~17.5 kg,秧田本田比为 1∶(6~7)。薄膜旱育秧每平方米播种量为 75~100 g,秧龄可延长至 40~45 d,大幅降低用种量,节省成本。

3. 浸种与催芽

浸种前先晒种 1~2 d 激活种子活性。浸种与消毒同步进行,常用 1% 石灰水或 400 倍三氯异氰尿酸溶液浸种。催芽需掌握 4 个环节:保温催白、适温催根、保湿催芽、摊晾炼芽,确保根芽协调生长。

(三)大田耕作施肥与栽插

1. 大田耕作整地

水稻大田整地可采用水耕水整或旱耕水整方式,先施肥后耕翻,要求耕层深约 20 cm,土壤细碎平整,高低差不超过 3 cm,营造适宜稻苗生长的土壤环境。

2. 大田施肥

每亩单产 500 kg 的稻谷需 10~12 kg 纯氮,单产 600 kg 以上需 13~15 kg 纯氮,氮、磷、钾比例为 3∶1∶2.5,其中有机肥占 20%~30%。基肥、蘖肥、穗肥的施用比例为 5∶3∶2 或 4∶3∶3。基肥中尿素用量 10 kg,氯化钾 7~10 kg,磷肥全量作基肥,施后及时耕翻整地。

3. 合理密植

根据稻种的最佳穗数确定基本苗量。大穗型、中穗型、多穗型早稻的高产穗数分别为 20 万~22 万穗、24 万~26 万穗和 27 万~29 万穗,其相应每亩基本苗为 10 万、12 万和 14 万株。

4. 提高栽插质量

栽插质量对水稻的生根、返青及分蘖产生显著影响,需注意

第四章 水稻绿色高质高效种植技术

浅插、直插、匀插和稳插，确保株行整齐，不浮秧、不缺株少穴，为高产打下基础。

二、双季晚籼高产栽培技术

（一）双季晚籼的生产特点

双季晚籼稻主要分布在长江以南，以杂交籼稻为主，具有以下特点。气温变化：育秧期温度高，催芽容易但秧苗易徒长；移栽期气温最高，秧叶易晒伤；抽穗灌浆期气温逐渐下降，虽有利于优质稻米生产，但易遭受寒露风危害，导致"翘穗头"现象和低结实率。安全齐穗期：双季稻北缘地区需确保9月10日前齐穗，以避免寒露风影响。生长季节短：受早稻让茬和安全齐穗期限制，双季晚籼通常在6月15日—20日播种，9月10日齐穗，全生育期110~125 d。南方地区可选生育期稍长的优质高产品种，但需加强病虫害防控。

（二）选用高产杂交组合，确立合理可行的高产群体结构

1. 选用高产品种组合

根据早稻让茬情况，早让茬可选生育期较长的高产品种，晚让茬应选生育期较短的品种。选用品种需兼顾高产、抗病虫、抗逆性和优良米质，推荐生育期为110~125 d的籼杂组合。

2. 高产穗粒结构

双季晚籼稻根据穗型分为大穗型和小穗型，其高产结构目标分别为：大穗型每亩有效穗20万~22万穗，每穗140~150粒，结实率80%~90%，千粒重25~27 g；小穗型每亩有效穗24万~26万穗，每穗90~110粒，结实率80%~90%，千粒重26~28 g。

（三）培育壮秧技术

1. 播栽期的确定

播种期需保证晚稻在9月10日前齐穗，根据品种播始历期推

算,播种期在6月15日—25日,移栽期在7月15日—25日,秧龄控制在30~35 d。

2. 播种量

晚稻处于高温快速生长阶段,播种量较早、中稻降低。湿润育秧的播种量为常规稻20 kg/亩,杂交稻10 kg/亩,秧本田比1∶（6~8）,秧龄可达35 d。

3. 浸种与催芽

浸种前需晒种、选种。因6月温度较高,杂交籼稻浸种时间为24~36 h,常规稻为36~48 h,每天换水,防止恶苗病和徒长可用烯效唑或浸种灵浸种。催芽可采用日浸夜露方法,破胸露白即可播种,避免过长。

4. 秧田作畦与施肥

选用松软肥沃、排灌方便的地块作秧田。每亩施基肥包括腐熟人畜粪1 000 kg、尿素10 kg、过磷酸钙25 kg和氯化钾5 kg,施肥后开沟作畦,浮泥沉实后播种。

5. 播种与管理

播种时分畦定量,先播70%~80%,后补缺补稀,种子要重塌入泥以防晒干。播后覆盖麦壳或菜籽壳。秧田管理包括适时追肥和控水促壮,1叶1心期施离乳肥4 kg尿素/亩,3叶期施接力肥5 kg尿素/亩,移栽前追施起身肥5 kg尿素/亩,确保秧苗健壮。徒长秧苗需喷施多效唑控高促蘖,并注意病虫害防治,必要时除草。

（四）稻田栽插及管理

1. 施足基肥

杂交晚籼需注意增施钾肥。一般每亩施尿素25 kg、过磷酸钙40 kg、氯化钾20 kg和菜籽饼40 kg,其中尿素和钾肥各施总量的40%~50%,磷肥和有机肥全部作基肥,耕翻后整地。

2. 合理密植

大穗型晚籼每亩基本苗7.5万~8万株,小穗型每亩基本苗9

第四章 水稻绿色高质高效种植技术

万~10万株,栽插规格分别为 13.3 cm×23.3 cm 和 13.3 cm×20.0 cm,每穴栽 4~5 苗。栽插需浅、直、匀、稳,避免缺苗断穴。

3. 适时追肥

移栽后 5 d 施返青促蘖肥,每亩追尿素 7.5 kg;拔节期施尿素 3 kg 和氯化钾 5 kg;幼穗分化期追尿素 5 kg 和氯化钾 3 kg。齐穗后可叶面喷施磷酸二氢钾及尿素溶液防早衰。

4. 薄湿水灌

分蘖期以薄露湿润灌溉为主,当每穴达 10 苗左右开始晒田,分蘖结束后转为湿润灌溉。抽穗开花期保持 3 cm 浅水层,灌浆后期干湿交替,收获前 5~7 d 断水。

第三节 水稻直播栽培技术

一、直播栽培概念

所谓直播栽培,就是指不经过秧田育秧,而将稻种催芽破胸后平整大田直接撒播的一种简单、实用的新型栽培方法。它适应当前农村经济发展和劳动力水平的现状,逐步取代移栽而成为水稻生产上最主要的栽培方式。

二、直播栽培的主要优势

(一) 四省

四省即省时、省工、省秧田、省成本。采用直播简化栽培,免去了育秧和栽秧等环节,早稻上还可节省薄膜覆盖。按照秧田与大田比 1:8,每亩人工成本 30 元、移栽人工成本 40 元、秧田施用碳酸氢铵 40 kg、过磷酸钙 25 kg、尿素 10 kg、育秧用塑料薄膜 7.5 kg 的标准折算,每亩大田可节省生产成本 80 元以上。

(二) 一减

一减即减轻劳动强度。直播是一项简单、方便、易操作的简化栽培技术,每个劳动力每天可播种 10 亩以上,劳动效率大大提高。

(三) 早熟

采用直播简化栽培,秧苗不因移栽影响生长,保持了营养生长的连续性,播种后来势快,长势好,一般可提前 5~7 d 成熟,有利于生产上选用生育期较长的中迟熟品种,既不耽误季节,又能夺取高产。

(四) 增产

据调查,直播栽培不仅不减产,反而能增产。一般每亩增产 50 kg 以上,增幅 5%~8%。增产部分按现行价折合人民币 70 元左右。直播田群体大,有效穗数多,尽管个体相对不足,但每亩有效穗数比移栽田高出 5 万穗以上,依靠群体优势是直播增产的主要原因。

(五) 增效

把节省成本和增加产量两项相加,每亩可增收 150 元,相当于增产稻谷 200 kg。

三、直播栽培关键技术

(一) 品种选择

宜选用优质、高产、耐肥、矮秆抗倒、分蘖力适中的品种。早稻推荐中熟品种,单晚则选择中或迟熟品种。

(二) 适期播种

早稻在日平均气温 12 ℃ 以上时即可播种,最佳播期为 4 月 15 日—18 日。中稻与晚稻在前茬收获后整田播种,单季稻播期

安排在6月上中旬,而晚稻播种不得迟于6月25日,以避免秋寒危害。

(三) 田块选择

直播田应选择排灌方便、保肥保水性能好的田块,排灌不畅、沙质漏水田及望天丘田不适用。

(四) 平整大田

直播对田块平整度要求较高,应提前翻耕整地,确保田面高差不过寸,软硬适中,三沟配套(横沟、竖沟、围沟),厢面宽3.0~3.5m,沟宽20 cm,沟深15 cm,播种前沉浆后再播。

(五) 播前除草

杂草较多的田块需提前7~10 d除草,可用草甘膦、农达草甘膦或卞磺隆处理,结合整田施底肥有效清除阔叶杂草等。

(六) 精量匀播

常规稻用种量每亩6 kg,杂交稻1~1.5 kg。分次均匀播种,破胸露白即可下田。播种后及时塌谷,做到不露谷粒,提高出苗率,并在3~4叶期及时疏密补稀。

(七) 播后除草

播种后1~2 d,每亩用"直播宝"25~30 g兑水50 kg喷雾芽前除草;3叶期时可用"金满地"喷雾防治杂草。稗草多的田块可用50%杀稗丰配合二甲四氯除草剂。

(八) 平衡施肥

采用"前足、中控、后补"施肥原则,基肥施用氮、磷肥全量及部分钾肥,追肥根据苗情补施分蘖肥、孕穗肥及壮籽肥。基肥每亩可用复合肥配合有机肥1 000 kg,后期增施钾肥(5~7.5 kg/亩),避免氮肥过多引发倒伏。

(九) 科学管水

播后保持田间湿润,齐苗后适时浅水灌溉,2叶1心期开始促分蘖。分蘖末期晒田控苗，抽穗期保持浅水层，灌浆后期干湿交替，避免长期深水或断水过早，以防倒伏和早衰。

第四节　水稻主要病虫害识别与防控

一、水稻主要病害

（一）稻瘟病

1. 识别要点

稻瘟病是水稻生产中普遍发生且危害严重的病害之一，分布广泛，影响显著。轻者减产10%~20%，重者可能导致绝收，并降低稻米品质。播种带病种子可引发苗瘟，苗瘟通常在三叶期前发生，表现为病苗基部灰黑色，上部变褐、卷缩致死，湿度大时病部出现灰黑霉层。叶瘟主要发生在分蘖至拔节期，慢性型病斑初为叶片上的暗绿色小斑，逐渐扩大为梭形斑，中央灰白色，边缘褐色，多发时斑点连片形成不规则大斑，并可能伴有急性型、白点型、褐点型等病斑。节瘟常在抽穗后出现，病斑初为稻节上的褐色小点，随后环绕扩展，导致病部变黑易折断。穗颈瘟在抽穗后表现为穗颈部褐色小点逐渐扩展，造成枯白穗。谷粒瘟主要发生在开花至籽粒形成期，病斑呈褐色椭圆形或不规则状，导致稻谷变黑，有的颖壳无症状，但护颖变褐并携带病菌。

2. 防治方法

（1）农业防治。首先是选用抗病品种；及时清除带病植株根系残茬，减少前源；合理密植，适量使用氮肥，浅水灌溉，促进植株健壮生长提高抗病能力。

（2）种子处理。晒种：选择晴天晒种1~2 d。选种：将晒过的种子利用盐水或硫酸锌筛选。浸种消毒：浸种温度以12~14 ℃为宜，持续8 d左右，保持积温在80~100 ℃，浸后种壳颜色加

深呈半透明状，可见腹白和种胚，稻粒易掐断。催芽：种子吸足水分后催芽，温度维持在30~32℃，按照破胸、适温长芽、降温炼芽的步骤操作，当芽长至2 mm即可播种。

（3）药剂防治。药剂施用最佳时间为孕穗末期至抽穗期，以控制叶瘟并防治节瘟和穗颈瘟为主。前期每亩可喷施70%甲基硫菌灵可湿性粉剂100~140 g，或25%多菌灵可湿性粉剂200 g，兑水35 kg均匀喷雾。中期用20%三环多菌灵可湿性粉剂100~140 g，或21%咪唑多菌灵可湿性粉剂50~75 g，或50%三环唑悬乳剂80~100 mL，或40%稻瘟灵乳油100~120 mL，或25%咪鲜胺乳油40 mL+75%三环唑乳油30~40 mL，或20%稻保乐可湿性粉剂100~120 g，兑水35 kg均匀喷雾。在孕穗末期至抽穗期，可使用20%咪鲜胺·三环唑可湿性粉剂45~65 g，或35%三唑酮·乙蒜素乳油75~100 mL，或20%三唑酮·三环唑可湿性粉剂100~150 g，或30%稻瘟灵乳油60~80 mL，或40%稻瘟灵可湿性粉剂80~100 g，或50%异稻瘟净乳油100~150 mL，兑水40 kg喷雾于植株上部。

（二）水稻恶苗病

1. 识别要点

水稻恶苗病又称白秆病，是一种广谱性真菌病害，苗期以徒长型最为普遍，病苗较正常苗高出1/3左右，假茎和叶片细长，颜色淡黄。旱育秧比水育秧更易发病。发病后，茎秆节间显著伸长，下部茎节可逆生大量不定根，分蘖减少或完全不分蘖。剥开叶鞘可见白色蛛丝状菌丝。大田中，轻病株可能提早抽穗，但稻穗小而不实，严重时稻谷变褐无法结实。部分不表现明显症状的病株，其稻谷内部已潜伏病菌，成为下一代的传染源。

2. 防治方法

（1）农业防治。选用无病种子或播种前用药剂浸种是防治的关键措施；及时拔除病株并深埋或销毁；收获后及时清除病残体

烧毁或近制腐熟有机肥；不能用病稻草、谷壳做种子消毒或催芽投送物。

（2）建立无病种子田。加强种子处理，播前晒种、消毒、灭菌要彻底；做好种子包衣或用广谱性杀菌剂拌种。

（3）药剂防治。用2.5%咯菌腈悬浮剂200~300 mL、50%多菌灵可湿性粉剂150~200 g、60%噻菌灵可湿性粉剂300~500 g兑水50~60 kg喷雾，或选用16%恶线清可湿性粉剂25 g加10%二硫氰基甲烷乳油剂1 000倍液喷施植株表面；还可使用45%三唑酮·福美双可湿性粉剂500倍液、25%丙环唑乳油1 000倍液或25%咪鲜胺乳油1 000~2 000倍液，均匀喷雾以控制病害蔓延。

（三）水稻纹枯病

1. 识别要点

水稻纹枯病是水稻的主要病害之一，普遍发生。病害初期在叶鞘近水面处出现暗绿色水渍状斑点，逐渐扩大为椭圆形或云纹状，向上蔓延至上部叶鞘，导致叶片枯黄。干燥时病斑中央呈灰褐色，边缘暗褐色；湿润时病斑上长有白色蛛丝状菌丝体，随后形成白色绒球状菌块，最终变为暗褐色并脱落成为菌核。菌核可在土壤、病稻草或杂草中越冬，成为下季稻田的主要初次侵染源。长期深水淹灌或偏施氮肥会加重病害，并增加倒伏风险。

2. 防治方法

（1）农业防治。选择抗病性强的稻种是减少病害发生的重要手段。目前研究表明，籼稻因蜡质保护层厚、硅化物多而抗病性较好，粳稻次之，糯稻抗病性最差。

在插秧前，可通过高水位耙田集中漂浮菌核并及时清除。合理密植和插足基本苗是提高水稻抗病能力的重要技术。此外，施肥时应增施钾肥，不偏施氮肥，并注意基肥与追肥的合理搭配，以增强植株的抗逆性和抗病性。

（2）化学防治。在病害初期，及时用药是关键。在分蘖期，

第四章 水稻绿色高质高效种植技术

当病丛率达 5%~10% 时可开始用药；孕穗期和抽穗期病情加重时，应加强防治。常规用药包括井冈毒素粉剂、苯甲丙环唑乳油及己唑醇悬浮剂等，需连续喷施两次，第一次用药后 7 d 左右进行第二次。施药时应兑水充分，确保药液能渗透至植株中下部，以提高防治效果。

二、水稻主要虫害防治

（一）稻蓟马

1. 危害特点

稻蓟马主要危害水稻叶片，导致叶片卷缩、枯黄。成虫为黑褐色，有翅，行动敏捷，分卵、若虫、成虫 3 个阶段。成虫与若虫均可刺吸稻叶汁液，造成叶片失水、心叶萎缩，严重时嫩梢干缩、籽粒干瘪，直接影响水稻产量与品质。若虫为淡黄色，无翅，常聚集于稻叶尖端，刺吸汁液形成水渍状黄斑。由于稻蓟马体型小，早期虫害常不易被察觉，只有在卷叶明显时才被注意，因此需及时检查，将稻蓟马消灭在若虫期。

2. 防治方法

（1）农业防治。冬春季及时铲除杂草，特别是田间及周边禾本科杂草；科学规划种植，同一品种集中种植；加强田间管理，培育健壮秧苗，提高植株抗病能力。

（2）生物防治。保护天敌如花蝽、微蛛、稻红瓢虫等，利用其自然控制稻蓟马种群。

（3）药剂防治。根据"狠治秧田、巧治大田"的策略，抓住若虫盛发期进行防治。秧田若虫密度达到 200~300 头/百株或卷叶率 10%~20%，大田虫量达 300~500 头/百株或卷叶率 20%~30% 时施药。每亩可用 90% 敌百虫晶体 1 000 倍液、10% 吡虫啉可湿性粉剂 20 g 兑水 50 kg 喷雾。选择清晨或傍晚喷施效果更佳，施药后适量增施速效肥，帮助受害植株恢复生长。

（二）稻苞虫

1. 危害特点

稻苞虫，又称卷叶虫，是水稻常见害虫之一，导致严重减产。主要包括直纹稻苞虫和隐纹稻苞虫，其中直纹稻苞虫分布较广。幼虫在叶尖或边缘卷成单叶小卷，随着龄期的增加，卷叶数量增多，4龄后暴食性显著，占一生总食量的80%。稻叶受害后矮小、穗短粒小，严重时无法抽穗。稻苞虫分代危害，第一代危害早稻和杂草，第二代危害中稻和部分早稻，第三代危害晚稻和迟中稻，第四代集中危害晚稻。

2. 防治方法

（1）农业防治。合理密植，科学施肥；防旺长、防徒长，避免造成田间郁闭；收获后及时清除病残体，深耕翻细整地，使地面平整。

（2）生物防治。保护利用寄生蜂等天敌昆虫。

（3）药剂防治。当百丛水稻有卵80粒或幼虫10~20头时，在幼虫3龄前及时用药防治。每亩可用90%晶体敌百虫75~100 g，或50%杀螟松乳油100~250 mL兑水喷雾，覆盖重点田块。

（三）稻飞虱

1. 危害特点

稻飞虱包括褐飞虱、灰飞虱和白背飞虱等，主要分布于全国各稻区。成虫、若虫群集稻丛下部刺吸汁液，被害部位出现不规则褐斑，严重时基部变黑褐色，稻株营养运输受阻而枯萎或倒伏。抽穗后，稻飞虱向穗颈转移，刺吸汁液导致稻粒半饱或空壳，严重时稻株过早枯死。黄淮流域一年可发生3~6代，虫口密度高时迁飞危害，多次侵袭。

2. 防治方法

（1）农业防治。实施连片种植，合理布局，防止田间长期积

第四章 水稻绿色高质高效种植技术

水,浅水勤灌;合理施肥,防止田间封行过早,稻苗徒长荫蔽,增加田间通风透光。

(2) 滴油杀虫。每亩滴废柴油或废机油 400~500 g,保持田中有浅水层 20 cm,人工赶虫,虫落水触油而死亡。治完后更换清水,孕穗期后忌用此法。

(3) 药物防治。施药应掌握在若虫高峰期,孕穗期或抽穗期虫量达 1 500 头/百丛以上时进行。可选用 58% 吡虫啉 1 000~1 500 倍液,或 20% 吡虫啉·三唑磷乳油 600 倍液,或 10% 噻嗪吡虫啉可湿性粉剂 500~800 倍液,兑水 50~60 kg 喷雾,重点覆盖稻株中下部。也可用 20% 异丙威乳油 150 mL 兑水喷雾,或用噻嗪酮可湿性粉剂 20~25 g 兑水均匀喷施。在灌浆乳熟期,可用 25% 噻嗪异丙威粉剂 100~120 g,或 50% 二嗪磷乳油 75~100 mL,分别兑水喷施,可兼治二化螟、三化螟等害虫。

第五章　玉米绿色高质高效种植技术

第一节　夏玉米超高产关键栽培技术

一、精选良种

（一）选用增产潜力大的紧凑型品种

所选品种要求株型紧凑、耐密植、抗倒伏、密度达到5 000株/亩以上不倒伏、不空秆、不秃尖，抗病性好，秸秆成熟。平均单穗粒重潜力在200 g，生育期春播125 d左右，夏播105 d左右。

（二）种子处理

挑除破碎、发霉变质籽粒，选用大小一致的籽粒，浸种8 h，晾干后用40%甲基异柳磷或5%吡虫啉和2%立克秀，按种子量的0.2%拌种，防治粗缩病、苗枯病、黑穗病和地下害虫。

二、精细播种，一播全苗

（一）精细整地

播前精细翻耕整地，亩施优质鸡粪3 m³，磷10 kg，钾30 kg，锌肥1 kg，5%辛硫磷颗粒剂1.5 kg。

（二）足墒播种

6月5日—15日播种，大小行种植，大行距为80~90 cm，小行距为30~40 cm，点播亩用种量3~4 kg，亩施5 kg复合肥作种

第五章 玉米绿色高质高效种植技术

肥,种肥隔离,覆土深浅一致,厚度为 3 cm。

三、增加密度合理密植

播种密度每亩 6 000~7 000 株,及时间苗、定苗,确保收获时的实收株数在每亩 5 500 株以上。

四、足量施肥

一般按每生产 100 kg 籽粒施用氮 3 kg、磷 1 kg、钾 3 kg 计算;磷、钾肥作底肥;氮肥苗肥轻施、穗肥重施、粒肥酌施。

五、精细管理

(一)及时浇水

出苗至小喇叭口期间遇旱必须灌溉。大喇叭口期以后要达到地表见湿不见干。

(二)中耕松土

苗后至小喇叭口期中耕 1~2 次,保持土壤疏松。

(三)防治病虫草害

杂草防治:播后出苗前,用 50%乙草胺乳油 100~120 mL 兑水 30~50 kg 喷于地面。

粗缩病防治:苗期用蚜虱净防治灰飞虱。

防治第二、第三代黏虫和蓟马:用 50%辛硫磷 1 000 倍液和敌敌畏乳油 2 000 倍液喷雾防治,防治时间在苗期和穗期,兼治玉米稀点雪灯蛾。

防治玉米螟:用 3%辛硫磷颗粒剂,每亩 250 g,加细沙 5 kg,在玉米小喇叭口期撒入心叶。

(四)人工去雄与拔除空株

在刚抽雄时拔除全田雄穗的 1/2(隔行或隔株),授粉结束后

再将余下的雄穗及空株全部拔除。

（五）人工辅助授粉

在授粉后期逐株检查授粉情况，对未授粉的新鲜花丝人工辅助授粉，以增加穗粒数。

六、完熟收获

收获标准是玉米籽粒基部出现黑层、乳线完全消失。

第二节 玉米"一增四改"技术

玉米"一增四改"高产栽培技术是针对夏玉米生产中存在的种植密度稀、施肥不合理、收获偏早、人工作业费时费力等主要问题，有目标性地进行改进改善，提高玉米种植科学化水平，增加玉米产量。技术要点如下。

一、合理增加种植密度

一般大田生产由传统每亩不足 4 000 株增加到 4 500 株，高产田要增加到 5 000 株，高产攻关田可增加到 6 000 株以上。适当减少种子的间距，使实际播种籽粒（株）数比要求的种植密度高出 10%~15%，以防发生因种子质量、虫咬等因素导致的出苗不全问题。

二、改种耐密型品种

选用耐密植、抗倒伏、适应性强、熟期适宜、高产潜力大的品种。

三、改粗放用肥为配方施肥

在前茬冬小麦施足有机肥（每亩 2 500 kg 以上）的前提下，

第五章 玉米绿色高质高效种植技术

夏玉米以施用化肥为主。根据产量指标和地力基础确定施肥量，一般每生产100 kg籽粒施用氮3 kg、磷1 kg、钾需计算肥量。缺锌地块每亩增施硫酸锌1 kg。一般将氮肥的30%~40%、磷、钾、微肥在机播时和种子隔开同时施入，其余60%~70%的氮肥在大喇叭口期追施。高产田在肥料运筹上，轻施苗肥、重施穗肥、补追花粒肥。苗肥施入氮肥总量的30%左右加全部磷、钾、硫、锌肥，以促根壮苗；穗肥在玉米大喇叭口期（叶龄指数55%~60%，第11~12片叶展开）追施总氮量的50%左右，以促穗大粒多；花粒肥在籽粒灌浆期追施总氮量的15%~20%，以提高叶片光合能力，增加粒重。

四、改人工种植为精量播种

改传统人工种植、条播为单粒精播。墒情不好时播种后造墒，保证出苗整齐度。机械化操作，减少玉米用种量和用工时数，提高经济效益。

五、改传统早收为适期晚收

改变9月中旬收获玉米的传统习惯，待夏玉米籽粒乳线基本消失、基部黑层出现时收获，一般在9月底至10月上旬收获。

第三节 甜糯玉米增产技术

一、甜玉米栽培技术

甜玉米的种植主要面向鲜果穗或果穗加工市场，对商品果穗的要求极高，因此需采用规范化栽培。规范化栽培的目标是保证每株玉米生产出一个高商品率的果穗，核心管理原则是"前期重管理，施肥重攻穗"。

（一）隔离种植

为了保证超甜玉米的甜度和品质，种植时需与其他玉米品种隔离 500 m 以上，或确保与其他玉米的花期错开 10 d 以上。

（二）种子处理

甜玉米种子因质轻、芽势弱，播种前需在晴天翻晒 2 h，以提升发芽率。种子质量参差不齐，播种前需人工挑选整齐度高的种子。有条件时可进行种衣剂处理，以增强抗病能力，确保幼苗健壮。

（三）精细育苗

由于甜玉米种子表皮皱缩、发芽较困难，需选用土壤疏松、水分适宜的苗床进行精细育苗。春播时气温需稳定在 12 ℃ 以上，可采用地膜覆盖加尼龙拱棚保温育苗，并在移栽前逐步揭膜进行炼苗。秋播面临降雨多、土壤板结的挑战，可采用苗床育苗加遮阳网保护，或直接用草篱覆盖播种。待种子发芽后约 5 d，需及时移除覆盖物，确保幼苗健壮生长。采用营养钵育苗效果更佳，每千克种子可供一亩地移栽。

（四）小苗带土移栽

选择排灌方便、肥力好的地块种植，移栽时每亩施复合肥 15 kg，选择两叶一心期的健壮幼苗带土移栽，确保田间植株生长整齐一致。移栽后需及时浇灌清水粪，并在晴天高温条件下追加一次，以确保成活率和快速缓苗。秋播移栽建议在傍晚进行。

（五）合理密植

每亩种植 3 500 株左右为宜，过密种植会影响果穗质量。春播单穗鲜果重需达到 250 g，秋播单穗鲜果重需达到 220 g。

（六）早施重施追肥

在施足基肥的基础上需早施、重施追肥。基肥建议亩施

第五章 玉米绿色高质高效种植技术

12 kg 纯氮，使用饼肥、栏肥或过磷酸钙等。苗肥应在 5 叶期施入，每亩施 10 kg 尿素。喇叭口期（9~10 片可见叶）是关键的攻穗期，需每亩施入 8 kg 尿素和 16 kg 复合肥，同时结合清沟培土、保肥、压草、防涝。

二、糯玉米栽培技术

（一）运用良种

糯玉米品种较多，品种类型的选择要注意市场习惯要求。并注意早、中、晚熟品种搭配，以延长供给时间，满足市场和加工厂的需要。

（二）隔离种植

糯质玉米基因属于胚乳性状的隐性突变体。当糯玉米和普通玉米或其他类型玉米混交时，会因串粉而产生花粉直感现象，致使当代所结种子失去糯性，变成普通玉米。因此，种糯玉米时，必须隔离种植。空间隔离要求糯玉米田块周围 200 m 不种植同期播种的其他类型玉米。也可利用花期隔离法，将糯玉米与其他玉米分期播种，使开花期相隔 15 d 以上。

（三）分期播种

为了满足市场需要，作加工原料的，可进行春播、夏播和秋播；作鲜果穗煮食的，应该尽量赶在水果淡季或较早地供给市场，这样可获得较高的经济效益。因此，糯玉米种植应根据市场需求，遵循分期播种、前伸后延、均衡上市的原则安排播期。

（四）合理密植

糯玉米的密度安排不仅要考虑高产要求，更要考虑其商品价值。种植密度与品种和用途有关。高秆、大穗品种宜稀，适于采收嫩玉米。如果是低秆小穗紧凑品种，种植宜密，这样可确保果穗大小均匀一致，增加商品性，提高鲜果穗产量。

(五) 肥水管理

糯玉米的施肥应坚持增施有机肥，均衡施用氮、磷、钾肥，早施前期肥的原则。有机肥作基肥施用，追肥应以速效肥为主，追肥数量应根据不同品种和土壤肥力而定。一般每亩施纯氮 20~25 kg、五氧化二磷 10 kg、氧化钾 15~20 kg。基肥、苗肥应为 70%，穗肥为 30%。糯玉米的需水特性与普通玉米相似。

第四节　玉米主要病虫害识别与防控

一、玉米主要病害

(一) 粗缩病

1. 识别要点

玉米粗缩病可影响整个生育期，苗期受害最重，5~6 片叶时即可显症。早期症状包括心叶基部和中脉两侧出现透明的油浸状褪绿虚线条点，逐渐扩展至整个叶片。病苗表现为浓绿、僵直、叶片宽短而厚，心叶无法正常展开。病株节间粗短、矮化，顶部叶片簇生如君子兰。叶背、叶鞘及苞叶的叶脉上常出现蜡白色条状突起，触感粗糙。病株上部节间更为短缩粗肿，顶部叶片簇生，植株高度不到健株一半。严重时雄穗退化，雌穗畸形，病株大多不能结实，或果穗畸形、花丝稀少。

2. 防治方法

在玉米粗缩病的防治上，要坚持以农业防治为主、化学防治为辅综合防治方针，其核心是控制毒源、减少虫源、避开危害。

（1）农业防治。

加强监测和预报。对病害常发区开展定点、定期调查，重点监测小麦、田间杂草及玉米的粗缩病株率和严重程度。同时，监测灰飞虱的发生密度及带毒率，预测病害发生趋势，为防治提供

第五章 玉米绿色高质高效种植技术

科学依据。

选用抗性品种。根据当地条件选择抗病品种,并合理布局,避免单一品种的大面积种植,降低病害暴发风险。

调整播期。通过调整播期使玉米的敏感生育期避开灰飞虱的成虫盛发期,从而降低发病率。套种玉米时,尽量在麦收前3~5 d播种以缩短小麦与玉米共生期;麦后直播夏玉米可有效预防病害。

清除麦茬与杂草。田间及路边杂草是灰飞虱的越冬越夏寄主,应及时清除。麦田残存杂草可先人工锄草后喷药清除。清除杂草后,可显著减少灰飞虱的活动空间,降低病害传播风险。

加强田间管理。及时拔除病株,集中深埋或烧毁,减少病源。合理施肥、浇水,促进玉米健康生长,缩短感病期,并增强植株抗病能力。

(2)化学防治。

药剂拌种。使用内吸杀虫剂对种子进行包衣或拌种,可有效防治苗期灰飞虱,降低粗缩病传播风险。拌种时每100 kg种子使用2%的种衣剂,既能防治虫害,又能促进壮苗生长,提高抗病能力。

喷药杀虫。玉米出苗前后可用5%乙酰甲胺磷乳剂30 mL兑水30 kg喷雾,每隔5 d喷1次,共喷2~3次。在玉米5叶期,根据灰飞虱虫情,用25%噻嗪酮50 g/亩,结合40%盐酸吗啉胍·酮或5.5%十二烷基硫酸钠进行病毒病防治,喷雾时兑水30 kg均匀喷施。

化学除草。播种后应用芽前土壤处理剂如40%乙莠水胶悬剂或50%杜阿合剂,每亩用量550~575 mL,兑水30 kg进行土壤封闭处理。对封密效果差的地块,可在玉米行间及地头定向喷施灭生性除草剂如20%克无踪,每亩用量550 mL,兑水30 kg,但需注意药液避免喷到玉米植株上,以防药害。同时减少灰飞虱的活动空间，降低病害传播风险。

（二）矮花叶病

1. 识别要点

玉米生育期内均可能感染矮花叶病。幼苗期感染后，心叶基部细胞间首先出现椭圆形褪绿小点，随后沿叶脉发展为虚线状，断续排列成条点状的花叶图案，并向叶尖扩展。症状不受粗脉限制，表现为叶脉与叶肉逐渐失绿变黄，两侧叶脉仍保持绿色，最终形成黄绿相间条纹。后期病叶进一步褪绿，叶尖叶缘可能变为红紫色并干枯，病斑继续扩大，叶片形成大小不等的圆形绿斑，逐渐变为黄色、棕色或紫色，最终干枯变脆易折。严重病株表现为植株矮小，不能抽穗或抽穗不完全，甚至无法结实。

2. 防治方法

（1）选用抗病品种。因地制宜，合理选用抗病杂交种或品种。

（2）拔除病株。在田间尽早识别并拔除病株，这是防治该病关键措施。

（3）适期播种。适期播种可错开蚜虫为害高峰期，减轻发病。

（4）中耕锄草。及时中耕锄草，可减少传毒寄主，减轻发病。

（5）化学防治。在传毒蚜虫迁入玉米田的始期和盛期，及时用 50% 抗蚜威可湿性粉剂 10 g、10% 吡虫啉可湿性粉剂 15 g，兑水 30 kg 喷洒植株，可以有效切断玉米矮花叶病苗的传播途径。特别是在 3 叶、5 叶、7 叶时各防治 1 次效果更好。

（三）镰刀菌苗枯病

1. 识别要点

麦茬直播夏玉米时，苗期若遇雨季，常引发苗枯病，其危害程度逐年加重。病害通常发生在种子萌芽至 3~5 叶期阶段。病原

菌在种子萌动期即侵入，先在种子根及根尖处形成褐色病变，逐步扩展至中胚轴，导致根系发育不良，根毛减少，次生根稀少或缺失。初生根老化，皮层坏死，根系呈黑褐色。在茎第一节间形成坏死斑，引起茎基部水浸状腐烂，并导致茎基部节间脆断（区别于纹枯病）。病害引起的症状包括叶鞘变褐、撕裂，植株基部 1~2 片叶发黄，叶尖及叶缘干枯，逐渐向上发展，造成心叶卷曲、生长迟缓。严重时病株外周叶片枯黄，心叶萎蔫，最终导致植株整株死亡。

2. 防治方法

（1）选用优质抗病品种。选用优质抗病品种，且选用粒大饱满、发芽势强的玉米种子。

（2）种子处理。播种前先将种子翻晒 1~2 d。药剂浸种应用 40% 克霉灵 50 mL 或是 70% 甲基硫菌灵 60 g，兑水 30 kg 搅匀，浸泡 40 min，晾干后播种；也可用 2.5% 咯菌腈悬浮种衣剂 10 g 或 25% 戊唑醇 2 g，兑水 100 mL，拌种 5 kg，同时预防丝黑穗病。

（3）合理施肥，加强管理。种肥或者苗期到拔节期追肥，一定要增施磷钾肥，以培育壮苗，尤其注意补充磷、钾肥。促进根系生长，使植株生长旺盛，以提高抗病能力。

（4）药剂防治。在苗枯病发病初期及时用药。可用 70% 甲基硫菌灵 40 mL，或者 20% 三唑酮 30 g，或者恶霉灵 10 mL，兑水 30 kg 对根基部喷雾，连喷 2 次（每次用药间隔 5~7 d）喷药的同时可加入喷施天丰素、磷酸二氢钾等高效营养调节剂，以便促苗早发，以增强植株抗逆、抗病力，可有效防治和控制苗枯病。

（四）纹枯病

1. 识别要点

从苗期到穗期均可发生，主要危害叶鞘，也可危害茎秆，严重时引起果穗受害。发病初期多在植株底部 1~2 茎节叶鞘上开始发病，产生暗绿色水渍状病斑，椭圆形至不规则形，后连片扩展

融合成不规则形或云纹状大病斑。病斑中部灰褐色,边缘深褐色,由下向上蔓延扩展。病斑向上可扩展到果穗,穗苞叶染病也产生同样的云纹状斑。果穗染病后秃顶,籽粒细扁或变褐腐烂。严重时根茎基部组织变为灰白色,次生根黄褐色或腐烂。多雨、高湿持续时间长时,病部长出稠密的白色菌丝体,菌丝也进一步聚集成多个菌丝团,形成小菌核。

2. 防治方法

(1) 清除病原。及时深翻消除病残体及菌核。发病初期摘除病叶,并用药剂涂抹叶鞘等发病部位。

(2) 栽培防治。选用抗(耐)病的品种或杂交种;实行轮作,合理密植,注意开沟排水,降低田间湿度,并结合中耕消灭田间杂草。

(3) 药剂防治。发病初期用1%井冈霉素75 g或50%甲基硫菌灵可湿性粉剂60 g、50%多菌灵可湿性粉剂50 g、50%苯菌灵可湿性粉剂20 g、50%退菌特可湿性粉剂30~40 g,兑水30 kg喷雾;也可用40%菌核净可湿性粉剂30 g或50%腐霉利可湿性粉剂15~30 g,兑水30 kg喷雾。喷药重点为玉米基部,以便保护叶鞘。

特别提醒:三唑酮、烯唑醇这两种"三唑类杀菌剂"对玉米幼苗有明显的抑制作用,建议避免采用为好。

二、玉米主要虫害

(一) 小地老虎

小地老虎又名土蚕、地蚕。属鳞翅目、夜蛾科,经历卵、幼虫、蛹、成虫4个阶段。

1. 危害特点

小地老虎是一种多食性害虫,主要以幼虫危害幼苗。幼虫能将幼苗近地面的茎部咬断,使整株死亡,造成缺苗断垄。同时还

第五章 玉米绿色高质高效种植技术

对农、林木幼苗危害很大，轻则造成缺苗断垄，重则毁种重播。

2. 防治方法

（1）农业防治。①除草灭虫。杂草是小地老虎产卵的场所，也是幼虫向作物转移危害的桥梁，因此在初龄幼虫期铲除杂草，可消灭部分虫、卵。②诱杀成虫。用糖、醋、酒诱杀液或甘薯、胡萝卜等发酵液诱杀成虫。③诱捕幼虫。用泡桐叶或莴苣叶诱捕幼虫，于每日清晨到田间捕捉；对高龄幼虫也可在清晨到田间检查，如果发现有断苗，拨开附近的土块，进行捕杀。

（2）化学防治。对不同龄期的幼虫，应采用不同的施药方法。①幼虫3龄前。当每平方米有虫（卵）1头（粒）或百株有虫2~3头时，每亩可选用50%辛硫磷乳油30 mL、2.5%溴氰菊酯乳油或40%氯氰菊酯乳油15~20 mL、90%晶体敌百虫30 g，兑水30 kg喷雾。喷粉或撒毒土进行防治，用2.5%溴氰菊酯乳油90~100 mL、50%辛硫磷乳油加水适量，喷拌细土50 kg配成毒土，每亩20~25 kg顺垄撒施于幼苗根际附近。②3龄后。田间出现断苗时，可选用90%晶体敌百虫500 g或50%辛硫磷乳油500 mL，兑水2.5~5 kg，喷在50 kg碾碎炒香的棉籽饼、豆饼或麦麸上，于傍晚在受害作物田间每隔一定距离撒一小堆，或在作物根际附近围施，每亩用55 kg毒草或90%晶体敌百虫500 g，拌砸碎的鲜草75~100 kg，每亩用15~20 kg可用毒饵或毒草诱杀。③毒饵或毒草。一般虫龄较大时可采用毒饵诱杀。

（二）二点委夜蛾

二点委夜蛾，属鳞翅目夜蛾科，是我国夏玉米区近几年开始侵害玉米田的新发生的害虫，由于其侵害部位及形态上的相近，许多农民往往误认为是地老虎危害。该害虫随着幼虫龄期的增长，害虫食量将不断加大，发生范围也会进一步扩大，如不能及时控制，将会严重威胁玉米生产。因此，需加强对二点委夜蛾发生动态的监测，做好虫情预报或警报，指导农民适时防治，以减

轻其危害损失。

1. 危害特点

二点委夜蛾主要以幼虫躲在玉米幼苗周围的碎麦秸下或在 2~5 cm 的表土层危害玉米苗，一般一株有虫 1~2 头，多的达 10~20 头。在玉米幼苗 3~5 叶期的地块，幼虫主要咬食玉米茎基部，形成 3~4 mm 圆形或椭圆形孔洞，切断营养输送，造成地上部玉米心叶萎蔫枯死。玉米苗较大（8~10 叶期）的地块幼虫主要咬断玉米根部，包括气生根和主根，造成玉米倒伏，严重者枯死。危害株率一般在 1%~5%，严重地块达 15%~20%。由于该虫潜伏在玉米田的碎麦秸下危害玉米根茎部，一般喷雾难以奏效。

2. 防治方法

在防治时应该掌握的重点方法，防治工作中要掌握早防早控，当发现田间有个别植株发生倾斜时要立即开始防治。

（1）农业措施。及时清除玉米苗基部麦秸、杂草等覆盖物，消除其发生的有利环境条件。一定要把覆盖在玉米垄中的麦糠、麦秸全部清除到远离植株的玉米大行间并裸露出地面，便于药剂能直接接触到二点委夜蛾。对倒伏的大苗，在积极进行除虫的同时，不要毁苗，而应培土扶苗，力争促使今后的气生根健壮，恢复之前正常生长。

（2）化学防治。主要方法有喷雾、毒饵、毒土、灌药等。

撒毒饵。亩用克螟丹 150 g 兑水 1 kg 拌麦麸 4~5 kg，顺玉米垄撒施。亩用 4~5 kg 炒香的麦麸或粉碎后炒香的棉籽饼，与兑少量水的 90% 晶体敌百虫或 48% 毒死蜱乳油 500 g 拌成毒饵，于早晨或傍晚顺垄撒在玉米苗边。如果虫龄较大，可适当加大药量。

毒土。亩用 80% 敌敌畏乳油 300~500 mL 拌 25 kg 细土，于早晨顺垄撒在玉米苗边，防效较好。

第五章　玉米绿色高质高效种植技术

灌药。随水灌药，亩用50%辛硫磷乳油48%毒死蜱乳油1 kg，在浇地时灌入田中。还可用2.5%高效氯氟氰菊酯20 mL，兑水30 kg，将喷头拧下，逐株顺茎滴药液，或用直喷头喷根茎部，适当加入敌敌畏乳油会提高效果。药液量要大，保证渗到玉米根围30 cm左右的害虫藏匿的地方。

喷雾。喷雾的效果仅次于田间大水浇灌灭虫，显著高于对根部喷药的方式。可使用4%高氯甲维盐20~30 mL兑水30 kg喷雾。施药要点：水量充足。一般每亩地用水量为30 kg（两桶水），全田喷施，对玉米幼苗、田块表面展开全田喷施，着重喷施。喷施农药时，要对准玉米的茎基部及周围着重喷施。同时也可消灭灰飞虱、蓟马、瑞典秆蝇等传播病毒的传毒害虫，有效预防病毒病（粗缩病、矮花叶病），一喷多治，可起到事半功倍的效果。

（3）注意事项。①喷施烟嘧磺隆除草剂的田块，用药前后7 d应避免使用有机磷类农药，以免产生药害。②使用氨基甲酸酯类农药的，用药前后的7 d不能使用硝磺草酮类除草剂，以免产生药害。③玉米对辛硫磷敏感，浓度稍高容易烧叶，症状是叶子上有白色斑块。施用辛硫磷过量可致叶片局部或大部分变白，致叶片干枯似冻害状。④高温情况下，玉米对敌敌畏、灭多威也表现敏感，叶片容易产生白斑。

（三）红蜘蛛

1. 危害特点

玉米红蜘蛛的成虫、幼虫，若虫以刺吸式口器危害玉米，可在玉米的背面吐丝结网并吸食叶汁，受害叶片最初呈现白色斑点，影响光合作用，之后随着红蜘蛛的繁殖数量增多呈淡绿色，危害严重的叶片发白，严重时整个叶片变白干枯，籽粒秕瘦，造成减产，对玉米生产造成严重影响。玉米红蜘蛛不仅危害玉米，还危害豆类、海椒、红苕等，是一种食性杂、体态小、繁殖快的

昆虫。受红蜘蛛危害的玉米生长缓慢,结实率降低,籽粒不饱满,有的农户称它为油腻,玉米红蜘蛛危害严重的地块减产幅度达30%~50%。

2. 防治方法

(1) 农业防治。

清除秸秆和杂草。在秋季玉米收获后,及时彻底清除田间秸秆与田间、地埂及渠边杂草,以减少玉米红蜘蛛的食料和繁殖场所,降低虫源基数,防止其转入田间。

机械杀伤。加强深耕冬灌,以机械的方法杀死残留虫源。

轮作倒茬。实行轮作倒茬,但避免与豆类、花生等作物间作,阻止其相互转移危害。

加强田间管理。采取前茬深翻土地、中耕深松、增施粪肥等措施,将螨虫翻入深层土中,增强土壤通透性能,提高土壤的蓄水能力,可减轻危害。

合理密植。增强制种田通风透光性。

(2) 化学防治。对红蜘蛛的化学防治,应掌握两个关键时期,一是每年4月中下旬,红蜘蛛开始从越冬田边杂草上向田内迁移,这时虫比较集中,抗性也差,是化学防治的最佳时间,可以集中对田边杂草和埂边附近玉米进行化学防治。二是8月下旬至9月下旬,是玉米红蜘蛛发生发展速度最快,危害最重的关键时间,此时如田间虫口密度达到指标,应定期进行化学药剂控制,以防止危害。

灌根。玉米灌水前每亩用3%甲拌灵颗粒剂30~45 kg,在距玉米植株10~15 cm处沟施或穴施,深度10 cm左右,施后灌水。

顶端施药。方法是用40%乐果150 mL兑水30 kg,装入喷雾器中,喷头用双层纱布包住,开关开小,轻轻打气,使药液呈滴状,会在玉米生长点或上部叶片上每株滴10~20滴。

实行重点防治。在玉米拔节后,对玉米红蜘蛛已达到防治指标的田块，宜采用毒沙熏杀，实行重点防治。方法是每亩用25%敌敌畏乳油250 g，兑水6~8 kg，喷拌到50 kg细沙上于傍晚撒入玉米行间。

药剂喷防。用40%三氯杀螨醇乳油15~20 mL或20%螨死净可湿性粉剂15 g、15%哒螨灵乳油15 mL、1.8%阿维菌素20 mL、5%尼索朗乳油20 mL，兑水30 kg，对准玉米叶片背面喷雾，发生严重的隔7~10 d再防治1次，可达到理想的防治效果。

（3）注意事项。一是施药期间注意人畜安全，遇烈热强光天气应在17:00后到傍晚施药。二是喷过除草剂的喷雾器必须彻底清洗干净后再喷雾杀虫防病的药剂。三是对药时不用枯井水和浑水，先倒点水再倒药，最后可加到所需水量，喷雾周到。

（四）蚜虫

蚜虫是繁殖最快的昆虫。蚜虫俗称腻虫或蜜虫等，其隶属于半翅目。蚜虫主要分布在北半球温带地区和亚热带地区，热带地区分布很少。

1. 危害特点

成蚜或若蚜群集于植物叶背面、嫩茎、生长点和花上，用针状刺吸口器吸食植物组织的汁液，引致叶片变黄或发红，使细胞受到破坏，生长失去平衡，叶片向背面卷曲皱缩，心叶生长受阻，严重时植株停止生长，甚至会出现全株萎蔫枯死。玉米蚜多群集在心叶，危害叶片时分泌大量水分和蜜露，产生黑色霉状物。在紧凑型玉米上主要危害雄花和上层1~5叶，下部叶受害轻，刺吸玉米的汁液，同时分泌的蜜露滴落在下部叶片上，常使叶面生霉变黑，或致叶片变黄枯死，使叶片生理机能受到障碍，影响光合作用，减少干物质的积累，降低粒重，并传播病毒病造成减产。玉米蚜的寄主还有玉米、高粱、小麦、狗尾草等。

2. 防治方法

（1）农业防治。及时清除田间地头杂草，消灭玉米蚜的滋生

基地。

(2) 化学防治。在玉米抽穗初期调查，当百株玉米蚜量达2 000头，有蚜株率50%以上时，应进行药剂防治。

心叶期兼治。在玉米心叶期，结合防治玉米螟，每亩用3%辛硫磷颗粒剂1.5~2 kg撒于心叶，既可防治玉米螟，又可兼治玉米蚜虫。也可用10%氯氰菊酯或2.5%辉丰菊酯，每亩30~40 mL兑水30 kg进行喷雾防治，既可防治玉米蚜虫，也可防治玉米螟。

抽雄期喷雾防治。抽雄期是防治玉米蚜的关键时期，在玉米抽雄初期，用3%啶虫脒或10%吡虫啉30 g、10%高效氯氰菊酯乳油15 mL、2.5%三氟氯氰菊酯15 mL、50%抗蚜威可湿性粉剂15 mL等，兑水30 kg喷雾。还可使用毒沙土防治，每亩用40%乐果乳油50 mL，兑水500 kg稀释后，拌15 kg细沙，然后把拌匀的毒杀土均匀地撒在植株心叶上，每株1 g，则可兼防兼治玉米螟危害。

第六章 马铃薯绿色高质高效种植技术

第一节 马铃薯大棚栽培技术

随着大棚设施的广泛应用,马铃薯的冬季栽培在部分地区取得了显著成效,为实现反季节供应和高效种植提供了可能性。以下是冬季大棚马铃薯栽培的具体技术要点。

一、品种选择

冬季大棚栽培需选择块茎休眠期短、块茎形成早、结薯集中、株型小、直立性好的品种。目前适宜的品种包括张薯1号、克新2号、克新4号等。

(一)张薯1号

熟性早、耐低温、品质佳,薯块椭圆形,黄皮黄肉,单薯可达50~100g,适合10月下旬播种,元旦前后上市。

(二)克新2号

生育期约90 d,结薯集中,块茎整齐、黄皮淡黄肉,耐储藏,抗多种病害,每亩产量可达1 500 kg。

(三)克新4号

早熟,生育期70 d左右,块茎扁圆形,表皮光滑,耐储藏,抗性强。

二、种薯处理

为了提高出芽整齐度和发芽率,播种前需对种薯进行处理。

（一）选薯

挑选无病害的种薯，去除过小或感染病害的块茎。100 g 以上的种薯需切块，保证每块至少有 2 个芽眼。

（二）消毒

用福尔马林溶液浸种 20~30 min 后闷 6~8 h，减少病害传播。

（三）催芽

用赤霉素溶液浸泡种薯，整薯浓度为 5~10 mg/L，切块浓度为 0.5~1 mg/L，浸泡后放入湿沙土中催芽，保持 15~20 ℃ 的温度。芽长 1~2 cm 后取出，放置在光照条件下 3~5 d，使芽变绿粗壮后播种。

三、整地施基肥

马铃薯适宜微酸性砂壤土，土壤 pH5.5~6.5，需严格轮作避免病害发生。播种前 10 d 扣棚整地，并施足基肥，每大棚施入有机肥 700~1 000 kg、复合肥 15~20 kg、硫酸钾 13~17 kg 等。畦宽 1.5 m、畦高 25~30 cm，确保土壤疏松肥沃。

四、播种

播种时间因地而异，长江以南多在 10 月中旬至 11 月中旬播种，长江以北可延迟 20~30 d。株行距为 25 cm×30 cm，每棚播种量 50~70 kg，总株数 1 700~2 000 株。种薯芽长 1~2 cm 时播种，播后覆盖草木灰或疏松面肥，再喷洒除草剂并覆盖地膜。

五、田间管理

（一）破膜引苗

播种 2~3 d 后，要经常检查，当有 30% 左右出苗时应及时破膜引苗。破口要小，周围用土封口。

第六章 马铃薯绿色高质高效种植技术

（二）温度管理

播种后应密闭大棚，出苗后，若外界气温较低，最好搭小拱棚进行多层覆盖，或用遮阳网、无纺布浮面覆盖。白天大棚内温度在 20 ℃以上时应进行通风降温。在 12 月以后，外界气温降低到 0 ℃左右时更应注意多层覆盖，做到朝揭夜盖。

（三）生长调控

冬季马铃薯栽培上，在施足基肥后一般不再追肥，保持适宜的土壤湿度即可。但在生长期间有时会出现茎叶过度旺盛的情况，这时为协调地上部分生长与块茎膨大的关系，可用 50 mg/L（$5×10^{-3}$）烯效唑或用 100 mg/L（$1×10^4$）多效唑叶面喷洒。

（四）肥水管理

冬季不追肥，缺肥时可用 0.35%磷酸二氢钾喷施叶面。若土壤湿度不足，可在结薯期适量补水，但必须选择晴天中午进行浇灌，并加强通风降湿。后期应控制水分以防薯块腐烂。

（五）及时采收

马铃薯的采收期应根据市场行情、块茎大小及消费喜好灵活掌握。冬季栽培的马铃薯一般在元旦开始即可连续采收，并通常在 3 月中旬结束。产量因品种及采收期而有较大的差异，一般为 500~1 500 kg。

第二节 地膜覆盖栽培技术

一、做好播前准备，适时播种

地膜覆盖，可提前 10 d 左右播种，提前 10~15 d 收获，利用地膜覆盖种植马铃薯效果显著。田间管理的重点是提高地温保墒。土地解冻后，视土壤墒情灌水、深耕，疏松土壤，提高土壤

蓄水保肥和抗旱能力，为根系发育和薯块膨大打好基础。施足底肥，农家肥和化肥混合施用，每亩需用农家肥 1 500 kg 和磷酸二铵 25~50 kg。施肥后整地、盖地膜以提高土壤温度。

二、选用良种，做好播前催芽

首先要因地制宜选用合适的品种，针对地膜覆盖早种早收栽培，应选用结薯早、块茎前期膨大快、产量高、大中薯率高的优良早熟品种，其次必须应用脱毒种薯，保证优良品种高产。播种前 1 个月左右，将窖藏种薯取出放在 15%~18%，下催芽暖种，发壮芽。早播需催大芽，以促早发根、早出苗、早齐苗、早发棵、早结薯、获高产。大种薯在播前 4~7 d 切块以减少播种量，并在切块过程中淘汰带病种薯。每个切块以重量不少于 25g、带 1~2 个芽为宜，切后用草木灰或干沙土拌薯块，使伤口收水，防止播种后种薯腐烂而影响出苗。地膜覆盖栽培，宜浅播，播后覆土厚度以 6~8 cm 为宜。应用 90 cm 幅宽地膜，先覆膜后打孔双行播种。行距为双行间 60 cm，单行间 20 cm，株距以 25 cm 为宜，早熟品种因植株瘦小，宜密不宜稀。

三、加强田间管理

田间管理要点为前期中耕除草、追肥、培土，后期注意灌水排水，防治病虫害。

苗期管理。一般播后 20~40 d 出苗。出苗后 15~20 d 开始现蕾，这一时期为幼苗期。早熟品种幼苗期时间极短，田间管理的重点是壮苗促棵、早管理。齐苗后，即结合中耕除草，进行第一次浅培土。苗高 15~20 cm 时适当干旱，以后及时浇水，有利于根系发达。

结薯期管理。从现蕾期到初花期为结薯期。此时的管理重点为多次中耕除草培土，及时追肥灌水。培土应加高加厚，以免块

第六章 马铃薯绿色高质高效种植技术

茎外露变绿而影响品质。另外,此时气温已高,应培土遮盖地膜以免土壤温度过高而影响结薯。此间,田间不能缺水,应及时浇水。视苗情结合浇水施入,早施、少施或不施追肥。

薯块膨大期管理。从初花开始到植株枯黄为薯块膨大期。此时的管理重点为充分满足水肥需求。封垄前再次进行中耕培土;及时浇水,保持土壤湿润,以保证高产,同时防止因土壤温度过高而产生二次生长,形成畸形薯影响商品性,但要禁止漫灌。

四、及时收获,增加经济效益

为了获得较高的经济效益,可提前收获一些大薯块,补充春季蔬菜淡季。但要注意在取得大薯块的同时,尽量少伤根系,不伤幼小薯块并及时覆土。综合考虑市场价格和产量确定收获时间。

第三节 马铃薯膜下滴灌栽培技术

马铃薯膜下滴灌技术是针对我国干旱地区缺水少雨,集约化程度低的生产实际,在推广马铃薯地膜覆盖栽培技术和马铃薯喷灌技术的基础上,在马铃薯种植上提出并推广应用的又一新技术。

一、选地与合理轮作

选择疏松、平坦、通透性好的轻质壤土或砂壤土地,土壤pH 在 5.6~7.8。

二、整地

深耕左右,旱地要随耕随耙耱、精细整地。

三、集中施肥

基肥要结合秋耕整地施入优质有机肥,基肥充足时,将 1/2 或 2/3 的有机肥结合秋耕施入耕作层,其余部分播种时沟施。基肥用量少时,集中施入播种沟内,每亩 2 000~4 000 kg。用化肥作种肥,以氮、磷、钾配合施用效果最好,一般每亩用尿素 5~10 kg、过磷酸钙 30~45 kg、硫酸钾 25~30 kg。

四、种薯处理

种薯在播前 15~20 d 出窖进行严格挑选。

五、晒种催芽

将精选好的种薯摊放在温暖向阳的室内,温度保持在 15 ℃ 左右,每隔 3~5 d 翻动 1 次,一般 10 d 左右待芽萌发后再精选 1 次。

六、切种

播前 2~3 d 进行,切块大小以 50g 为宜,每个切块至少带 1~2 个芽眼。

七、适时播种

土壤 10 cm 深处地温稳定在 7~8 ℃ 以上时可以播种,注意先覆膜后打孔。

八、增加种植密度

亩种植密度为 3 000~3 500 株,大行距 75~80 cm,小行距 30 cm。

九、播种深度

平作土壤墒情好的浅一些 5 cm 左右，墒情不好的 8~10 cm。

十、出苗前管理

播后常检查，发现地膜破损的及时用湿土封固压实。及时进行膜间中耕除草。

十一、查苗放苗

出苗期间要关注出苗情况，锄尽垄背杂草，拔除垄眼杂草。

十二、中耕培土

在整个生育期进行 2~3 次中耕，第二次中耕可在苗高 10 cm 时进行，第三次在现蕾期结合培土进行。结合中耕锄草，拔除感病植株，注意不要把土培到膜下毛管上，在浇水时进行中耕培土较好。

十三、适时浇水

栽培在肥沃的土壤上，每生产 1 kg 马铃薯耗水 97 kg；栽培在贫瘠的砂质土壤上，每生产 1 kg 马铃薯需耗水 172.3 kg。

播种后土壤墒情不好，要进行滴灌，土壤湿润深度应控制在 15 cm 以内，否则降低地温影响出苗，造成种薯腐烂。

出苗时根据土壤墒情进行一次滴灌，使土壤湿润深度保持在 15 cm 左右，保持土壤相对湿度。

第四节　马铃薯主要病虫害识别与防控

马铃薯主要病害有晚疫病、早疫病、黑胫病、病毒病等，主要虫害有二十八星瓢虫、蚜虫、潜叶蝇及地下害虫等。

一、马铃薯主要病害

(一) 晚疫病

晚疫病是马铃薯产区普遍发生的危害较重的病害。

1. 识别要点

晚疫病可侵染马铃薯的根、茎、叶、花、果实、匍匐茎和块茎，但以叶片和块茎上的病斑最为明显。叶片上发病多从叶缘或叶尖上开始，最初为不规则褐色小斑点，严重时呈水浸状，蔓延极快，可使大部分叶片或全部叶片感病。叶背面病斑与正常组织的交界处生有一层褪绿圈，上着绒毛状白色霉层，有时叶面和叶背，在整个病斑上形成此种霉轮，这是晚疫病最显著的特征。茎和叶柄上感病，常表现为纵向发展的褐斑，也可在病斑上产生白色霉轮，有时可造成叶丛凋萎枯死。干旱条件下病害严重，全株枯死；多雨条件下，整株变黑腐烂。块茎感病时，形成大小不等、形状不规则的凹陷褐斑，病斑的大小深浅，随发病程度而变化，高温高湿时病斑可蔓延到块茎的大部分组织，一旦感染其他腐生菌，可使整个块茎腐烂。

2. 防治方法

选用抗病品种。种植抗病品种是防止晚疫病最经济简便和有效的途径。

淘汰病薯。选择无病种薯进行贮藏，出窖后严格选薯，切块和发芽时，剔除病薯，减少病菌来源。

药剂预防。在晚疫病发生前，用等量式波尔多液喷洒。

拔除病株。首发病株出现时，立即将病叶摘掉或拔除病株，就地深埋，并用石灰消毒病穴。

药剂防治。首发病株出现后，及时用25%瑞毒霉可湿性粉剂800倍液，或50%多菌灵可湿性粉剂800~1 000倍液，或58%甲

第六章 马铃薯绿色高质高效种植技术

霜灵锰锌可湿性粉剂 500~700 倍液，或 50% 甲霜铜 500 倍液喷洒。

厚培土。加培厚土，可以降低晚疫病孢子随降雨或灌溉进入土壤侵染块茎的概率。

刈秧防病。

（二）早疫病

早疫病在马铃薯栽培地区均有发生，干燥高温条件下，收获前期常严重发生。

1. 识别要点

早疫病可侵染马铃薯的叶片、叶柄、茎、匍匐茎、块茎和浆果，以叶片上的症状最为明显。叶片感病，出现暗褐色直径 3~4 mm 带有明显同心轮纹的病斑，严重时病斑颜色变为黑色，有时叶片上可见数量较多、形状不规则的暗褐色或黑色坏死小斑，或在小叶顶尖发生与晚疫病相似的褐色或黑褐色大型病斑。病斑多从植株下部叶片发生，逐渐向上部叶片蔓延，严重时叶片枯黄，干枯凋萎。块茎感病产生大小不等，与健康组织边缘明显的微凹陷圆形或不规则的黑褐色病斑，病斑下面块茎组织变褐，在老化的病斑上可产生裂缝。

2. 防治方法

当病株率达到 50%，可选用 50% 甲基硫菌灵 700~1 000 倍液，或 50% 多菌灵 500 倍液，或 70% 代森锰锌可湿性粉剂 600~800 倍液，连喷 2~3 次。块茎感染早疫病，可用 50% 克菌丹可湿性粉剂 500~800 倍液喷雾，于发病初期开始每隔 6~8 d 喷 1 次，连喷 2~3 次，可收到明显效果。

（三）黑胫病

黑胫病在北方和西北地区发生比较普遍。

1. 识别要点

植株感病最显著的特点是植株变矮，叶片萎蔫，病株基部变黑腐烂，严重时茎基部猝倒。块茎感病多由脐部向髓部扩展，变黑腐烂，严重时髓部烂成空洞，贮藏期内极易腐烂。

2. 防治方法

①选用抗病品种。②淘汰病薯。③轮作倒茬。④种子处理。用 0.01%~0.05% 溴硝丙二醇溶液浸种 15~20 min，或用 0.2% 高锰酸钾溶液浸种 20~30 min，或用 0.05%~0.1% 春雷霉素浸种 30 min，浸种后捞出晾干播种。⑤高质量收获。在收获、运输、装卸过程中，防止擦伤薯皮，并晾晒，促使伤口愈合。⑥严禁从病区调种。

（四）病毒病

危害马铃薯的病毒病和类病毒病有 30 余种，其中在我国危害严重的主要有普通花叶病毒（X 病毒）、重花叶病毒（Y 病毒）、卷叶嵌斑花叶病毒（M 病毒）、潜隐花叶病毒（S 病毒）、轻花叶病毒（A 病毒）及卷叶病毒和纺锤块茎类病毒等。

防治方法：推广无类病毒的植株快繁技术，利用茎尖脱毒苗生产种薯，利用经济性状基本一致的种子生产普通种薯，并定期更换感病种薯。防止蚜虫传毒和各种条件下的机械传毒。

二、马铃薯主要虫害

（一）二十八星瓢虫

1. 危害特点

成虫、幼虫均能危害马铃薯，以幼虫危害最重。幼虫群集于叶片背面，咬食叶肉进行危害，严重时被害叶片只剩叶脉，形成有规则的、透明的平行网状细纹，植株逐渐枯黄。

2. 防治方法

捕杀成虫。利用成虫群集越冬习性，在越冬场所就地捕杀，也可在成虫危害期间，利用其假死性进行人工捕杀。

清除残株。马铃薯收获后，应及时清除残株并妥善处理，消

第六章 马铃薯绿色高质高效种植技术

灭残株上的幼虫。

保护天敌。马铃薯二十八星瓢虫的天敌有异色瓢虫、龟纹瓢虫等,应加强保护。

药剂防治。在成虫期至幼虫孵化高峰期,用50%辛硫磷乳油1 000倍液,或2.5%溴氰菊酯乳油、20%氰戊菊酯乳油、40%氰戊菊酯-马拉硫磷乳油3 000倍液喷雾。

(二) 蚜虫

1. 危害特点

成虫幼虫集聚在植株幼嫩的茎顶部,吸食幼叶汁液,直接危害马铃薯,造成叶片卷曲、皱缩、变形,影响顶部的正常生长发育,植株生长严重受阻。蚜虫还可以通过传播多种病毒,间接危害马铃薯,导致种属退化,大幅度减产,失去利用价值。

2. 防治方法

①穴施杀虫剂。播种时每亩用90 g 70%灭蚜松可湿性粉剂穴施于种薯周围,控蚜残效期为60 d。②药剂防治。可用40%乐果乳油1 000~1 500倍液、20%氰戊菊酯乳油2 000倍液、50%抗蚜威实行分级交替喷洒,一般于全苗后进行第一次喷洒,以后每隔10~20 d,根据蚜虫数量再喷。③保护天敌。

(三) 潜叶蝇

1. 危害特点

潜叶蝇是一种严重的马铃薯害虫,危害马铃薯的主要是幼虫,其在叶片内钻出很多可见的虫道,危害大量叶片,严重时导致植株死亡,造成大幅度减产。

2. 防治方法

①药剂防治。每亩用30~60 g斑潜净稀释成1 000~2 000倍液,在清晨或傍晚喷施,根据虫害发生程度,每隔5~7 d喷施1次,可连续喷施3~5次。②保护天敌。

第七章 大豆绿色高质高效种植技术

第一节 大豆的形态特征

大豆俗名黄豆，属豆科大豆属，为一年生草本植物。

一、根和根瘤

大豆为直根系，由主根、侧根和根毛组成。种子萌发时，首先自珠孔长出一条幼根，称为胚根，胚根向下伸长为主根，入土深度可达 45~60 cm，经 5~7 d 侧根开始出现，出苗后 1 个月，主根有的可达 100 cm，侧根先向水平方向伸展，再向下生长，整个根系呈钟罩状。根量 80% 集中分布在 5~20 cm 土层内。

大豆根瘤呈不规则球形，直径 2~5 mm。一般每公顷大豆地可固纯氮 45~52.5 kg，根瘤菌将其固氮量的 3/4 供给大豆，约占大豆一生总需氮量的 1/2。

二、茎

大豆的茎包括主茎和分枝。大豆的茎秆坚韧，略呈圆形。幼茎颜色有紫、绿两种，绿茎开白花，紫茎开紫色花。幼茎色可作为苗期去杂及鉴别品种的重要依据。成熟时茎多呈灰黄色、绿褐色或暗褐色。茎上一般着生灰白、棕、褐等色茸毛，具有保护茎的作用，但也有无茸毛的品种。

大豆的株高一般为 50~100 cm，早熟品种生育期短，植株较矮；晚熟品种生育期长，植株高大。在主茎和分枝上均有节，主

第七章 大豆绿色高质高效种植技术

茎从子叶到顶端的节数，一般栽培品种为 12~20 节，每节着生 1 叶，节与节之间为节间，植株上部节间长，下部节间短。

分枝是由主茎下部节的腋芽形成的，上部腋芽多长成花簇。在栽培条件下，一般品种可产生 3~5 个分枝，多的达 10 多个。分枝具有自动调节的能力，瘦地、密植的分枝少，甚至不分枝；肥地、稀植的分枝多。根据分枝多少、长短，将株型分为以下三类。

（1）蔓生型。野生大豆和半野生大豆属于这一类型。特点是茎细、节长、分枝多，植株生长较细弱，有爬蔓缠绕或匍匐的特性。

（2）半直立型。无限结荚习性的大豆地方品种多属于此类型。在土壤瘠薄、干旱情况下，直立不倒，但在水肥充足、高温多雨的情况下，往往缠绕性增强，甚至倒伏。

（3）直立型。一般有限结荚习性的早熟或中熟品种多属此类。此类型植株生长健壮，茎直立，节间短，紧凑。

三、叶

大豆的叶有两种，即子叶和真叶，真叶又分单叶和复叶。子叶表面光滑，真叶表皮上有茸毛，当大豆幼苗出土时，两个肥大的豆瓣就是大豆子叶，随后长出的对生卵圆形叶片是大豆单叶，以后长出的互生叶都是复叶。托叶一对，小而狭，呈三角形，位于叶柄基部两侧，叶柄长 2~20 cm，小叶全缘，呈圆形、卵圆形和披针形等。

四、花

大豆的花成簇着生长在各节的叶腋、主茎及分枝顶端。花很小，其形状像蝴蝶，有紫、白两种颜色，无香味。大豆为自花授粉，一个花序上常簇生，称为花簇。每朵小花由苞叶、花萼、花冠、雌雄蕊构成，每一花簇有小花 3~40 朵，依品种不同及花轴长短而异。

五、荚

荚是受精后的子房发育而成的。荚果多为镰刀形，也有扁平、葫芦形等，成熟时荚为褐黑色或黑色等，长 3~6 cm，每荚含 1~4 粒种子，个别 5 粒，大豆成熟后荚能沿缝线自行开裂。

六、种子

种子由子房中受精的胚发育而成，由种皮和胚组成，无胚乳。胚由子叶、胚根和胚芽组成，两片肥大的子叶占种子重量的 90%，储藏着大量的蛋白质和脂肪。种皮上有一个明显的脐，是胚与外界气体交换的主要通道，也是种子萌发时水分进入的主要通道。种皮和种脐都有各种不同的颜色，是鉴别大豆品种的重要依据，它也影响大豆的商品价值。种皮有青色、黄色、褐色、黑色等，种脐颜色有白色、褐色、蓝色、黑色和无色等，有些种皮上有褐斑或紫斑。

第二节 大豆种植制度与高产栽培技术

一、大豆的轮作、间作、套作

（一）轮作

大豆根瘤菌的固氮作用不仅能促进大豆高产，还能残留大量养分于土壤中，改善地力。合理轮作能够调节土壤养分、减少病虫害和杂草危害，实现用地与养地相结合，同时为其他作物创造增产条件。大豆不宜连作，也不宜作为其他豆科作物的后茬，最适宜的前茬作物是谷类作物，如小麦、玉米和高粱。轮作方式需

第七章 大豆绿色高质高效种植技术

根据不同地区气候和作物特点灵活调整。

(二) 间作、套作

我国广泛采用大豆与玉米、高粱、谷子、甘蔗等作物的间作模式,也有大豆与小麦、玉米等的套作。其中,大豆与玉米的间作方式效果较好,在南北方均较为普遍。

二、整地播种

整地播种是大豆生产的重要环节,需创造一定深度的疏松耕层,做到适期播种,提高播种质量,保证苗全、苗齐、苗壮,为高产打下基础。

(一) 整地

整地是大豆正常发芽、生长和根瘤菌形成的重要基础,土壤水分宜为最大持水量的 60%~70%,过干不利出苗,过湿则易烂种。整地需达到土壤疏松,以利子叶出土和根瘤菌活动,同时增强土壤的蓄水保肥能力。春大豆应尽早翻耕,播前浅耙一次;夏大豆前茬多为小麦,需麦前深翻后及时整地播种。整地目标是土壤细碎平整、上松下实。在干旱地区可采用浅耕或不耕翻播种,以保住表土墒情。

(二) 种子处理

种子处理有助于提高发芽率和纯净度。播种前应精选饱满健康的种子,并在条件允许下使用根瘤菌拌种。方法为选取上一年盛花期的健康植株,洗净根瘤并阴干保存,播种前磨碎用清水调匀拌种,每公顷需 20~30 株根瘤处理的菌体。拌种后需避免使用杀菌剂等农药,以免杀死根瘤菌。此外,播种时施用底肥以促进生长。

(三) 播种期

播种期应根据温度、土壤水分和品种特性调整。土温达 12 ℃

以上可播春大豆，适宜期为3月下旬至4月上旬；夏大豆一般在5月中旬至6月上旬播种，秋大豆应在前作收获后尽早播种，通常为7月下旬至8月上旬。播种后用细土覆盖，土壤湿润时盖土薄，干旱时稍厚，以3~5 cm为宜。

三、选用良种、合理密植

（一）选用良种

大豆栽培多以间作、套作为主，选用适宜品种是高产的关键。宜选择耐荫性强、生长直立、结荚习性好、抗逆性强且抗倒伏的品种，以晚熟为主，适当搭配早、中熟品种。

（二）合理密植

适宜的密度是高产的基础，需根据土壤肥力、品种特性和播期调整。肥沃土壤宜稀植，瘠薄土壤宜密植。四川省春大豆一般行距为21 cm×24 cm，每穴3~4粒；夏大豆为24 cm×30 cm，每穴2~3粒；秋大豆为15 cm×18 cm 或 18 cm×21 cm，每穴3~4粒，播种时种子分散，穴底平整。

四、增施肥料

（一）大豆的需肥特点

大豆需肥量大，每生产50 kg籽粒需氮素3.3 kg、磷素0.65 kg、钾素0.9 kg。在酸性土壤中种植需施石灰补钙，并通过钼酸铵补充钼肥以增强固氮能力。

（二）施肥技术

1. 底肥

底肥以农家肥为主，有机肥料（如堆肥、渣肥、灰肥等）效果较好，可混合过磷酸钙和草木灰使用。施用量根据土壤肥力调整，一般每公顷施堆肥22 500~37 500 kg，混入过磷酸钙375~

第七章 大豆绿色高质高效种植技术

450 kg、草木灰 375~450 kg。瘠薄土壤上需补施尿素,每公顷用量 22.5~37.5 kg,播种时肥料应与种子隔离。

2. 追肥

大豆追肥应根据植株生长状况、土壤肥力和底肥施用情况灵活掌握。

苗肥。大苗期需肥少,土壤肥沃且施过底肥时可不施苗肥。若土壤瘠薄,则在第 1 片复叶展开时追施尿素 45~75 kg、过磷酸钙 375 kg。

花荚肥。开花结荚期是需肥高峰,应补充氮、磷肥,提升产量。每公顷施尿素 75 kg、磷肥 225~450 kg、草木灰 750 kg,结合浇水施入。

鼓粒肥。生育后期可叶面喷施 2%~3% 过磷酸钙溶液,每公顷 750~1 050 kg;或用 0.3% 磷酸二氢钾溶液喷洒,促进籽粒饱满,提高产量。

五、田间管理

(一)补苗与间苗

大豆出苗后,应及时查苗补苗,防止因缺苗影响产量。缺苗时可补播浸种催芽后的种子,促使其快速出土;或在窝内苗数较多的情况下,采用移苗补栽的方法。播种时宜提前育补栽苗,以备移栽用。移栽时应注意根系舒展,埋土适度,栽后适量浇水,并选择阴天或傍晚移栽以提高成活率。

间苗是确保幼苗整齐、健壮的重要措施,应早间苗,一般在子叶展开后进行。条件适宜时可一次间苗,每窝留 1~2 株壮苗;若条件较差,可分两次间苗,第一次稍多留苗,第二次定苗。

(二)中耕除草

中耕除草是促进大豆生长的重要环节。中耕不仅可以消除杂草,还可以疏松土壤,提高通透性,增加土壤孔隙度,改善根系

环境。大豆生育期一般需中耕2~3次：第一次在第一片真叶出现时进行，深度不超过4 cm，以免伤根；第二次在3~4片复叶、子叶发黄时，深度约为5 cm；第三次在苗高20 cm、开花前进行，宜浅耕，并结合培土，培土高度略高于子叶节。

（三）生长调节剂的应用

植物生长调节剂具有协调大豆营养生长与生殖生长、预防徒长倒伏、增花增荚等方面的作用，能显著提高大豆的产量。

合理使用生长调节剂可协调营养生长与生殖生长，抑制徒长倒伏，增加产量。

（1）TIBA（三碘苯甲酸）。开花期喷洒200~400 mg/kg药液，增花增粒、壮秆矮化，增产5%~15%。每公顷用药45~75g，加水375~750 kg喷雾。

（2）矮壮素。始花期至盛花期喷洒0.125%~0.25%药液，能缩短节间、减少落花落荚，提高产量。每公顷用750 mL矮壮素，加水稀释后喷施。

（3）增产灵。盛花至结荚期使用20 mg/kg药液，每公顷喷洒750~1 125 kg，可促进增荚增粒，防止落花落荚。

（4）B_9。在开花和结荚期喷洒500 mg/kg药液，抑制呼吸强度，增加籽粒饱满度，提高产量。

（四）摘心打叶控制徒长

徒长倒伏会导致花荚脱落、减产和品质下降。摘心可抑制茎叶生长，促进养分重新分配，增加荚数和粒重。一般在开花盛期摘除主茎顶端约2 cm即可。

打叶可改善田间通风透光条件，控制徒长。方法是用锋利的工具削去植株脚下老叶及行间重叠叶片，提高光照，增加荚数和粒重。

（五）防治病虫害

大豆病虫害的种类很多，发生较广、危害较大的有大豆病毒病、锈病、紫斑病、萎蔫病等，应及时防治。

六、收获、脱粒与储藏

（一）收获

大豆收获期需严格把握，过早或过迟均会影响产量和品质。人工收获宜在黄熟末期进行，机械收获宜在完熟初期进行。理想收获期表现为：茎秆呈棕黄色，10%左右的叶片及 20%~30%的叶柄未脱落，荚与种粒间的白色薄膜消失。易裂荚品种应提前收获。收获时宜用快锄低铲或利刀低砍，避免拔起根瘤，以利后茬作物生长。

（二）脱粒与贮藏

收获后，将大豆扎把悬挂在通风处或堆垛保存，注意防霉防烂，并尽早进行脱粒。脱粒可用连枷打或石滚压，种子打出后需扬净并摊晒。晒种宜选在干燥通风处进行，避免烈日暴晒以及种皮破裂。种子干燥至含水量低于13%后，用麻袋或坛子贮藏，放置于干燥、通风、凉爽的环境中保存。

第三节　大豆主要优良品种介绍

一、天隆1号

类型：中熟春大豆。

产量：国家长江流域春大豆品种区域试验，亩产 171.6 kg；生产试验亩产 164.5 kg。

品质：蛋白质含量 43.50%，脂肪含量 21.00%。

植株形态：白花、灰毛，株高 56.0 cm，百粒重 18.1g。

适宜区域：长江中下游区域。

二、中豆 36

类型：早熟春大豆。

产量：区域试验亩产 153.6 kg；生产试验亩产 151.2 kg。

品质：蛋白质含量 45.15%，脂肪含量 18.68%。

植株形态：白花、灰毛，株高 49.3 cm，百粒重 22.6 g。

适宜区域：湖北省、江苏省、浙江省、江西省等。

三、湘秋豆 2 号

类型：中熟秋大豆。

产量：亩产 104.1 kg。

品质：蛋白质含量 41.4%，脂肪含量 17.9%。

植株形态：紫花、灰毛，株高 50~60 cm，百粒重 25~26 g。

适宜区域：湖南省中南部。

四、毛豆 305

类型：菜用大豆，中熟。

产量：春作 120 kg，秋作 90 kg。

品质：二、三粒荚占 85%，百粒重 35 g。

植株形态：紫花、白毛，株高 55~65 cm。

适宜区域：南方春秋毛豆种植。

五、毛豆 75

类型：菜用大豆，中熟。

产量：采青期 90~95 kg。

品质：百粒重 38~40 g，蛋白质含量 38.1%，脂肪含量 18.3%。

植株形态：白花、灰毛，株高 75~80 cm。

适宜区域：南方湿润区域。

六、交大 02-89

类型：菜用大豆，鲜食型。
产量：春播鲜荚亩产 983.8 kg。
品质：香甜柔糯型，百粒鲜重 68.1 g。
植株形态：紫花、灰毛，株高 36.8 cm。
适宜区域：全国大部分区域。

七、中豆 37

类型：菜用大豆，鲜食型。
产量：夏播鲜荚亩产 868.3 kg。
品质：香甜柔糯型，百粒鲜重 58.7 g。
植株形态：紫花、灰毛，株高 53.7 cm。
适宜区域：长江中下游地区。

第四节 大豆主要病虫害识别与防控

一、大豆主要病害

(一) 大豆花叶病

大豆花叶病是一种世界性病害，在国内各大豆产区均有分布，尤以长江中下游、黄淮流域和华北平原地区最严重。病株发育不良，结荚稀少，一般可减产 10%~20%，流行年份损失可达 30%~70%。

1. 识别要点

症状因寄主品种、病毒株系、侵染时期和环境条件的不同差别很大。主要症状类型如下。

（1）轻花叶型。多出现在后期病株或抗病品种，表现为叶片生长基本正常，但叶上出现轻微浅黄绿色相间的斑驳。

（2）重花叶型。病叶呈黄绿相间的花叶，皱缩严重，叶缘下卷，叶脉变褐色，叶肉呈泡状突起，后期叶脉坏死，植株矮化。

（3）皱缩花叶型。症状介于轻、重花叶型之间，病叶呈黄绿色相间，沿中叶脉呈泡状突起，叶片皱缩略扭曲。

（4）黄斑型。轻花叶型与皱缩花叶型混生，出现黄斑坏死，表现为叶片皱缩并褪色为黄色斑驳，叶片密生坏死褐色小点或不规则黄色大斑，叶脉变褐色坏死。重病植株可引起花芽萎蔫、不结实或呈黑褐色枯死。此外，该病常可引起种子斑驳，其色泽与种子脐部颜色一致，多为褐色或黑色。

2. 防治技术

该病的防治应以选用无毒大豆种子和治蚜防病为主，以及选用抗病品种等综合措施。

（1）种植抗病品种。适期播种，使大豆开花期在蚜盛发期前，减少早期传毒侵染。

（2）选用无毒种子。播种无毒或低毒的种子，是防治该病的关键。生产上种子带毒率要求控制在 0.5% 以下，可减轻种子发病率。因此，最好建立种子无毒繁育基地。

（3）驱避蚜虫。由于田间传毒主要是迁飞的有翅蚜，且多是非持久性的传毒，因此采取驱蚜或避蚜措施比防蚜措施效果好。大豆苗期用银膜覆盖，也可用银膜条间隔插在田间，可起到很好的驱避蚜虫效果。

（4）治蚜防病。早治蚜、勤治蚜，控制蚜虫的数量，可明显减轻发病。在有翅蚜迁飞前防治，用每亩 5~6 kg 的 3% 呋喃丹颗粒剂与大豆分层播种，还可用 40% 乐果乳油 1 000~2 000 倍液、50% 抗蚜威可湿性粉剂 2 000 倍液、10% 吡虫啉可湿性粉剂 2 500 倍液等喷雾。

第七章 大豆绿色高质高效种植技术

(二) 大豆根腐病

大豆根腐病是引起大豆根部腐烂的一类病害的总称,是一种分布广泛、危害较重、病原种类繁多且防治困难的世界性土传病害,在各地区危害植株率达10%~30%,重发生地区为50%以上,直接造成大豆减产10%~20%。据调查,根腐病已经成为影响川渝大豆产量的重要病害之一。

1. 识别要点

危害主要症状表现为:出苗前染病,种子腐烂;幼苗发病,茎基部腐烂,根变褐色;真叶期发病,茎上出现水浸状病斑,叶黄化萎蔫,主根变为深褐色,侧根腐烂;成株期发病,叶片褪绿,植株萎蔫,病茎的皮层及维管束组织均变褐色。

2. 防治技术

(1) 选用抗耐病品种。种植抗耐病品种是防治农作物病害的最经济有效的方法。各大豆产区应在明确当地的主要致病菌的基础上,合理选用抗耐病品种。

(2) 加强栽培管理。合理轮作,实行与禾本科作物3年以上轮作,尽量避免重茬;适当降低种植密度,套作大豆适当加大带宽,以增加植株间通风透光性,及时中耕培土,增加土壤的通透性;雨后及时排除田间积水、降低土壤湿度,减轻病情;施足基肥、种肥,及时追肥,培育壮苗,增强对根腐病的抵抗能力。

(3) 化学防治。种子播前进行药剂拌种处理,播种前用种子重量0.2%的50%多菌灵或50%甲基硫菌灵进行拌种,可有效防治根腐病;大豆植株发病初期每亩用50%多菌灵可湿性粉剂100 g兑水50 kg(或兑水400~500倍)喷雾茎根部防治,每隔7 d喷雾1次,共2~3次即可。另外,植株发病时应及时拔掉病株,远离豆田埋掉。

二、大豆主要虫害

（一）大豆包囊线虫病

1. 危害特点

大豆包囊线虫病，又称"大豆根线虫病""萎黄线虫病""月夜病""火龙身子"，是大豆最主要的虫害之一，主要分布于东北、华北和黄淮等地区的大豆产区，尤以东北发生最为严重。主要危害大豆根部，一般造成大豆减产10%~20%，重者达50%，甚至绝产。

大豆包囊线虫寄生于大豆根部。苗期发病，病苗子叶和真叶发黄，发育停滞，甚至枯萎。成株期受害，植株矮小，叶片黄化，花芽簇生，节间短缩，开花期延迟，不能结荚或很少结荚。地下部主根和侧根发育不良，须根增多，被寄生主根一侧鼓包或破裂，露出白色至黄白色如面粉粒的包囊，被害根很少或不结根瘤。由于包囊胀破根皮，导致根液外渗，致使次生土传根病加重，而引起根腐烂、植株枯死。

2. 防治技术

（1）选用抗病品种。国内抗大豆包囊线虫的品种多为黑豆，已利用其选育出一些高世代的抗病品种。

（2）合理轮作。病区应尽量避免大豆连作，由于大豆包囊线虫寄主范围仅限于少数的豆科植物，一般与非寄主作物或禾本科作物实行3年以上的轮作可有效减轻大豆包囊线虫病的发生，实行水旱轮作效果更好。

（3）药剂防治。发病初期，当大豆包囊线虫病处于点片发生期时，可选用1.8%阿维菌素1 500倍液灌根；重病田块使用3%呋喃丹颗粒剂2~4 kg、5%甲基异硫磷颗粒剂每亩8 kg、10%力满库颗粒剂每亩3~4 kg、15%涕灭威颗粒剂每亩1 kg与细土拌匀，在播种沟内施药，施药后覆土。

第七章 大豆绿色高质高效种植技术

(二) 大豆食心虫

1. 危害特点

大豆食心虫,别名"豆荚蠹""大豆蛀荚蛾""豆荚虫""小红虫",属鳞翅目,小卷蛾科。我国分布北起黑龙江、内蒙古,南抵台湾、浙江、江西、贵州、云南,东接国境线,西达新疆、云南,以东北三省、河北、山东受害较重。国外分布于朝鲜、日本、俄罗斯。大豆食心虫不仅造成大豆减产,而且降低大豆品质,一般年份虫食率10%~20%,严重年份虫食率30%~40%,甚至虫食率高达70%~80%。

该虫食性单一,仅危害大豆、野生大豆和苦参。以幼虫蛀入豆荚咬食豆粒,轻者沿瓣缝咬成沟,重者把豆粒吃掉大半,被害粒失去原形,豆荚内充满虫粪,降低产量和质量。

2. 防治技术

(1) 选择抗虫品种。尽量选无荚毛、木质隔离层结构好的大豆品种。

(2) 实行大面积轮作。秋翻豆茬地,秋翻耕耙,能破坏食心虫越冬场所,提高越冬幼虫死亡率。及时耕翻豆后麦茬地。豆茬地如果播种小麦,小麦收后正值幼虫上移和化蛹时期,随即翻耙麦茬可大量消灭蛹前幼虫和蛹,降低羽化率。

(3) 生物防治。在成虫产卵期放赤眼蜂,每亩放蜂2万~3万头,可起到较好的防治效果。但利用天敌期间禁止使用高毒农药。在幼虫脱荚前,用白僵菌粉1.5 kg,兑细土4.5 kg拌匀,撒于豆田垄台上,也能起到较好的防治效果。

(4) 化学防治。

敌敌畏熏蒸防治成虫。每亩用80%敌敌畏100~150 g,注入载体玉米轴内,每轴注2 mL左右,均匀插于豆田,插药轴60个左右,防效可达95%以上。

防治幼虫。在成虫盛发期后5~7 d,用20%杀螟松喷粉2~2.5 kg,20%氰戊菊酯乳油2 000倍液或5% S-氰戊菊酯乳油

5 000倍液喷雾。使用时最好几种药交替使用,防止害虫产生抗药性。施药时间以上午为宜,重点喷洒植株的上部。

(三) 大豆豆荚螟

1. 危害特点

大豆豆荚螟,又名"豆荚螟""豆蛀虫""豆荚蛀虫""红瓣虫"等,属鳞翅目,螟蛾科,为世界性分布的豆类害虫,我国各地均有该虫分布,以华东、华中、华南等地区受害最重。

大豆豆荚螟为寡食性,寄主为豆科植物,该虫除了危害大豆外,还危害豇豆、扁豆、豌豆、绿豆等豆科植物。大豆豆荚螟以幼虫蛀进豆荚食害豆粒,被害豆粒形成虫孔、破瓣,甚至大部分豆粒被吃光,不仅减产还降低大豆品质。

2. 防治技术

(1) 选用抗虫品种。种植早熟丰产,结荚期短,荚上无毛或少毛的品种,可减少大豆豆荚螟产卵,以减轻危害。

(2) 灌溉灭虫。在水源方便的地区,可在秋季、冬季灌水数次,提高越冬幼虫的死亡率。在夏季大豆开花结荚期,灌水1~2次,可增加入土幼虫的死亡率,增加大豆产量。

(3) 合理轮作。避免豆科植物连作,可采用大豆与水稻等轮作(或玉米与大豆间作)的方式,减轻豆荚螟的危害。

(4) 生物防治。于产卵始盛期释放赤眼蜂,对大豆豆荚螟的防治效果可达80%;老熟幼虫入土前,田间湿度高时,可施用白僵菌粉剂每亩1.5 kg加细土4.5 kg撒施,减少化蛹幼虫的数量。

(5) 化学防治。在2龄幼虫高峰期或主要危害世代蛹羽化率为40%~80%时喷药,每亩用14%氯虫·高氯悬浮剂20 mL,或10%甲维·茚虫威悬浮剂20~25 mL,也可用11.6%甲维·氯虫苯悬浮剂20 mL,3种药剂任选1种,兑水20~30 kg均匀喷雾。不同农药要交替轮换使用,喷药时一定要均匀喷到植株的花蕾、花荚、叶背、叶面和茎秆上,喷药量以湿润有滴液为宜。

第八章 花生绿色高质高效种植技术

第一节 花生生长发育与生态条件

一、温度

花生原产于热带，属于喜温作物，在其整个生长发育过程中，对热量条件的要求比较高，生长发育要求较高的温度条件。

（一）种子发芽与出苗

花生种子在满足发芽水分等条件下，需达到适宜温度方能发芽。《中国花生栽培学》指出，不同品种在恒温条件下发芽时间虽有差异，但达到既定发芽率所需的积温基本恒定。在田间栽培条件下，各类型品种发芽出苗的最低温度略有差异，同一类型品种间也存在一定差异。山东省花生研究所的实验表明，地表5 cm土层日均温18.15 ℃、最低温7.9 ℃、低于12 ℃的累计时间114 h的条件下，珍珠豆型和中间型品种出苗率较高，多粒型和珍珠豆型品种出苗时间较短。发芽出苗生理零度最低的品种为10.46 ℃，多数品种为11.95~13.40 ℃。这一结果支持了长期认为珍珠豆型和多粒型品种发芽出苗的下限温度为12 ℃，普通型和龙生型品种为15 ℃的观点。但各类型品种中也存在一定耐低温的品种。因此，在我国南方花生产区，早春播种宜在温度稳定通过12 ℃后进行。

（二）营养生长

研究表明，花生营养生长的最适温度为昼间25~35 ℃，夜间

20~30 ℃。昼间 22 ℃、夜间 18 ℃时干物质积累仅为最佳温度处理的 36%；昼间 18 ℃、夜间 14 ℃时仅为 2%。大量气象数据与花生长相分析表明，我国北方花生产区温度越高，花生生长越好，幼苗期日均温应达到 20 ℃左右。

（三）开花下针

花生开花数量与温度密切相关。开花的适宜温度为日均 23~28 ℃，在此范围内，温度越高，开花量越大。当日均温降至 21 ℃，开花数量显著减少；低于 19 ℃，受精过程受阻；超过 30 ℃，开花数量减少且成针率显著下降。田间研究表明，日均温 23.2 ℃形成的果针最多，而 17.9 ℃时果针数最少。

（四）荚果发育

荚果发育时间与籽粒饱满度受温度影响显著。荚果发育的适宜温度为 15~39 ℃，最适为 25~33 ℃，最低为 15~17 ℃，最高为 37~39 ℃。研究表明，结荚区地温 30.6 ℃时，荚果发育最快、体积最大、重量最重；38.6 ℃时发育减缓；15 ℃以下停止发育。在昼间 30 ℃、夜间 26 ℃及昼间 22 ℃、夜间 18 ℃的条件下，荚果干重均低于昼间 26 ℃、夜间 22 ℃的处理；昼间 34 ℃、夜间 30 ℃时荚果发育速度仅为 0.026 g/d，为昼间 26 ℃、夜间 22 ℃条件（0.047 g/d）的 55%。

二、水分

花生属于耐旱作物，在整个生育期的各个阶段，都需要有适当的水分才能满足其生长发育的要求。总的需水趋势是幼苗期少，开花下针和结荚期较多，生育后期荚果成熟阶段又少，形成两头少、中间多的需水规律。

（一）发芽出苗

花生发芽和出苗需要充足的水分，水分不足会导致种子无法

萌发。土壤水分以其最大持水量的60%~70%为宜，低于40%易造成缺苗，高于80%则因土壤空气减少而影响发芽率，甚至导致烂种。幼苗期耗水较少，土壤水分以最大持水量的50%~60%为宜，低于40%会阻碍根系生长和花芽分化，高于70%会造成根系发育不良、地上部生长瘦弱，影响开花结果。据研究机构发现，播种至出苗期间总降水量以20~30 mm为宜，分两次供给效果更好。

（二）开花下针

开花下针期是花生需水量最多的阶段，此时土壤水分宜保持在最大持水量的60%~70%。水分低于50%会显著减少开花数量，严重缺水甚至会中断开花；水分过多则会因排水不良影响根系和荚果发育，甚至导致植株徒长倒伏。机关机构分析认为，该阶段降水量以200~250 mm为宜，排水良好的地块即使降水达300~400 mm，利多于弊，但过多的降水仍会减少开花量。

（三）荚果发育

结荚至成熟期需水量逐渐减少，土壤水分以最大持水量的50%~60%为宜，低于40%会影响荚果饱满度，高于70%则不利于荚果发育，甚至可能引起烂果。长期水分过多还容易导致积水，引发花生根腐病。

三、光照

花生为短日照作物，对光照时间要求不严格，但光照强度影响其整个生育期。长日照有利于营养体生长，短日照可促进早开花，但略减少开花总量。不同类型品种对日照的敏感性有差异，北方品种对日照的反应较南方品种更不敏感。

花生整个生育期需要较强光照，光照不足易引起地上部徒长、干物质积累减少，从而降低产量。试验表明，在苗期、花针期和结荚期每天10：00—16：00进行遮光处理（光照强度仅为自然光的 1/30），任何生育期的遮光都会显著影响饱果数、百仁重及荚果产量。

四、土壤

花生对土壤要求相对宽松，但特别黏重土壤和盐碱地不适宜种植。因花生为地上开花、地下结实的作物，适宜耕作层疏松、活土层深厚的砂壤土。山东省花生研究所测定高产田块土层厚度应在 50 cm 以上，耕作层 30 cm 左右，结荚层为松软砂壤土，土体结构表现为上层通气透水性良好，下层蓄水保肥能力强，水、肥、气、热协调，利于花生生长及荚果发育。

对土壤化学性质要求较肥沃的土壤为宜。据山东花生高产田测定，单产 6 000 kg/hm² 以上田块的 0~30 cm 土层中有机质含量为 4~7 g/kg，全氮含量 0.3~0.6 g/kg，全磷含量 0.5~1.0 g/kg，速效磷 5~20 mg/kg，速效钾 50~100 mg/kg，基本达到山东省土壤的中上等肥力水平。但按全国土壤肥力等级标准，其肥力仍偏低。花生苗期土壤速效氮含量为 13~75 mg/kg，速效磷 24~55 mg/kg，速效钾 37.5~75 mg/kg，速效养分含量与荚果产量显著相关，分别呈显著、极显著及显著相关。

第二节　花生高产栽培技术

高产是花生栽培者长期追求的目标。花生栽培按照播种季节可分为春植、夏植、秋植和冬植花生；按照栽培模式又可分为露地栽培、地膜栽培和设施栽培；按照栽培产品用途又可分为鲜食果栽培和干荚果栽培。

一、春花生高产栽培技术

春播露地栽培是我国花生主要种植模式之一，因其操作简

第八章 花生绿色高质高效种植技术

便、技术要求低、省工省力,仍具有较大的发展潜力,尽管地膜覆盖栽培的应用日益广泛。

(一) 品种选择

各地应根据气候和土壤特点选择优质、高产、抗病、适应性强且商品性好的花生品种。例如,福建省高产区推荐福花 4 号、福花 6 号、福花 8 号、泉花 7 号等,青枯病高发区适宜种植抗青枯病的福花 3 号。

(二) 土壤选择,整地作畦

花生适宜在沙性疏松、耕层深厚、地势平坦的土壤中种植,土壤有机质含量需在 10 g/kg 以上,碱解氮含量不低于 40 mg/kg,速效磷含量需达 15 mg/kg 以上,速效钾含量需在 80 mg/kg 以上,pH 值适宜范围为 7.0~8.0,全盐含量不高于 2 g/kg。

南方:畦宽 85~90 cm(含 30 cm 沟),畦高 15~20 cm;整畦时开好环沟以防积水。

北方:垄宽 80 cm,垄高 10 cm;地膜栽培需根据膜宽调整垄距,确保垄上两行间距 40 cm,植株两侧外延 15 cm。

(三) 播前晒种,适期播种

春播花生剥壳前 7 d 应选有阳光的天气晒果 3 d,剥壳后分级粒选,把病、虫、已发芽、破皮果仁和秕粒拣出,按大、中粒分成一、二级种子,防止大、中粒种子混播,造成大苗欺小苗的现象。

南方种植的花生品种以珍珠豆型和多粒型为主,当地气温稳定通过 12 ℃时为花生的播种始期,从南到北 2 月底至 4 月初播种。在长江流域花生区早春气温回升慢,可在 4 月中旬至 4 月底播种。春花生播种时一般土温和气温均较低,播种时经常遭遇阴雨天气,导致土壤低温高湿,应注意抢晴播种,保证出苗质量。

(四) 合理密植

合理密植有助于充分利用地力和光能，协调个体与群体关系，提高干物质积累和荚果产量。春花生多采用双行2粒穴播，密度根据品种分枝力和土壤肥力调整，一般每公顷种植27万~30万株为宜。

(五) 下足基肥，合理施肥

应根据品种、前作和土壤供肥能力来确定肥料施用量，应提倡多施用土杂肥和有机肥。

1. 基肥用量

南方小花生区推荐每公顷施16：16：16进口三元复合肥450~600 kg，或施用45 000 kg土杂肥、450 kg碳酸氢铵、750 kg磷肥、300 kg钾肥、7.5 kg硼肥及15 kg锌肥。

2. 早追苗肥

南方早熟品种应在3叶期结合中耕，每公顷施用进口三元复合肥300~375 kg。长势差的田段，可在开花始期，结合培土追施三元复合肥75~150 kg做花肥。开花期施用石灰或石膏375~450 kg补充钙肥；迟熟品种可在4叶期进行，也可每公顷施尿素60~90 kg或稀粪水22 500~30 000 kg，加过磷酸钙75~112.5 kg，以加速幼苗生长，促进早分枝、多分枝；最后一次中耕时，每公顷撒施石灰和草木灰300~375 kg。

(六) 田间管理

苗期遇旱灌跑马水，阴雨天及时排水防涝。花生开花下针期和结荚期需水分多，若遇旱应及时灌水，以利开花下针和荚果生长发育。花生是怕涝的作物，多雨季节应注意排涝，特别是结荚期要防渍，以防根腐病发生和烂果，降低花生品质。

叶面追肥，长势差的花生田，其可在结荚期17：00时以后喷洒0.2%的磷酸二氢钾溶液补充营养。

第八章 花生绿色高质高效种植技术

（七）适期收获

植株下部叶片脱落，种皮呈粉红色时为最佳收获时机。收获后及时晒干，特别是沿海地区，7月底至8月初多雨时需避免荚果受淋或发热，防止黄曲霉毒素超标。

二、秋花生高产栽培技术

我国秋花生主要分布在热带和亚热带地区，其多在7月下旬至8月初播种，12月中旬收获。

（一）选地和整地

秋花生生长期气候特点为前期多雨、中后期干旱，因此需选择土质疏松、肥力较高、排水良好、具有灌溉条件的水旱田连片种植。开花下针结荚期需水量大，应确保干旱时能够灌溉，避免在无灌溉条件的旱地种植。

前作多为早稻，收获后需抓住土壤干湿适宜的时机抢晴犁耙整地，并起畦播种。畦宽85~90 cm（含30 cm沟），畦高15~20 cm，同时开好环沟以利排灌。

（二）适期播种

播种过早，气温高、昼夜温差小，易形成高脚苗，病虫害多，影响壮苗培育；花期若遇30 ℃以上高温，易导致花期缩短、开花少、结荚少、产量不高；水田地区早播多雨，还易使幼苗受涝。但播种过迟，生育后期受低温干旱或早霜危害，荚果饱满度降低，种子品质差，产量明显下降。广东北部、福建与云南中南部、广西中北部、湖南与江西南部以大暑至立秋播种为宜；广东中部、福建东南部、广西中南部、云南南部以立秋前后播种为宜；海南全省、广东与广西南部以立秋至处暑播种为宜。

（三）增施肥料

为保证秋花生高产稳产，需施足腐熟有机肥作基肥，并合理搭配氮、磷、钾、钙肥，追肥应比春花生适当提早。基肥以堆肥、土杂肥、塘肥等农家肥为主，每公顷施 1 500 kg，加过磷酸钙 300 kg、钙肥（石灰、壳灰）300~375 kg、草木灰 375~750 kg，或施 16∶16∶16 进口三元复合肥 600~750 kg，土杂肥在犁耙时一次性施用。追肥在幼苗主茎展开 3 片复叶时，每公顷施尿素 60~90 kg 或稀粪水 22 500~30 000 kg，加过磷酸钙 75~112.5 kg，以促进幼苗早分枝、多分枝；最后一次中耕时，每公顷撒施石灰与草木灰 300~375 kg。

（四）合理密植保全苗

秋花生植株较矮小，茎叶生长一般不及春花生旺盛，为充分利用地力和光能，促进早期和全生育期叶面积增长，协调生育过程中个体与群体发展的矛盾，增加干物质积累和荚果产量，必须增加种植密度。秋花生一般以双行或 3 行 2~3 粒穴播为主，单位面积种植株数一般比春花生增加 20% 株数，每公顷以 33.4 万~36.0 万株为宜。

（五）及时排灌

排灌是秋花生高产的关键，总的原则是湿润生长，重点抓好播前灌水湿润土壤以利种子发芽，齐苗。苗期灌水促生长，下针期灌水迎针，结荚期灌水提高出仁率。

（六）中耕除草

秋花生生育前期高温多雨，畦面易板结，田间杂草生长很快，与花生争肥争光，影响花生生长发育；而雨水的冲刷，常使畦内畦边花生的根颈部露出土面，特别是边行花生更为严重，影响果针入土结实。因此，秋花生必须早中耕除草，使土壤疏松透气，减少杂草危害，培育壮苗。

（七）安全收贮

秋花生一般以留种为主要目的，在闽西、闽南地区花生鲜果

第八章 花生绿色高质高效种植技术

主要做烤花生,因此,宜采用人工收获,防止荚果破损。留种花生荚果晒干后应妥善贮藏,一般荚果含水量在10%以下可较长期保存。

第三节 花生主要病虫害识别与防控

一、花生主要病害

(一)花生叶斑病

花生叶斑病是花生叶部斑点类型病害的统称,主要包括褐斑病、黑斑病和网斑病。花生褐斑病和黑斑病是常见的叶斑病,花生网斑病是我国花生产区的新病害。花生叶斑病分布于全国各花生产区,但以花生集中产区发病较重。受害叶片的叶绿素被破坏,光合作用下降,造成早期落叶,影响干物质积累和荚果的成熟,一般导致减产10%~20%,严重的为30%以上。

1. 识别要点

这3种病害多发生在花生生长的中后期,主要危害叶片。先在植株下部老叶上发病,逐渐向上蔓延。叶柄、托叶、果针、茎秆等部位均可受害。

(1)黑斑病。叶片受害后,初生褐色针头大小病斑,逐渐扩大为圆形病斑,直径1~5 mm,病斑逐渐由浅褐色变成深褐色,叶背面与正面病斑的颜色相似。叶片正面病斑周围有不明显的淡黄色晕圈,病斑背面有许多黑色小点,排列成同心轮纹状,即病菌分生孢子座。潮湿的情况下,病斑上能产生一层灰褐色霉状物(病菌分生孢子梗和分生孢子)。在一张叶片上有时产生几十个病斑,有时几个病斑相互合并成不规则的大型病斑。茎秆与叶柄上的病斑呈椭圆形,黑褐色。发病严重时,叶片大量脱落,茎秆变黑枯死。

(2) 褐斑病。叶片受害后，初为圆形或近圆形黄褐色小斑点，病斑逐渐扩大，直径 4~10 mm。叶尖、叶缘病斑形状不规则，颜色较黑斑病浅，叶正面病斑呈茶褐色或暗褐色，背面病斑呈褐色或黄褐色。初期病斑周围产生明显的黄色晕圈，背面不明显。潮湿时，病斑表面产生灰褐色霉层（病菌分生孢子梗和分生孢子）。病害严重时，在同一叶片上，多个病斑可合并成不规则的大斑，使叶片枯焦脱落，仅留顶端几片新叶，茎秆与叶柄上产生椭圆形褐色病斑，稍凹陷。

(3) 网斑病。主要发生在花生生长中期，危害叶片。叶片病斑表现两种类型：一种是网斑型，发病初期在叶片正面产生星芒状小黑点，后扩大为边缘网状，不规则而模糊的黑褐色病斑，直径 2~5 mm，病斑不穿透叶片，仅危害上表皮细胞，引起坏死，不损害栅栏组织；另一种是污斑型，病斑较大，直径 7~15 mm，近圆形，黑褐色，病斑边缘较清晰，穿透叶片，但叶背面病斑较小，坏死部分可形成黑色小点，即分生孢子器。

2. 防治技术

(1) 选用抗病品种。不同花生品种对叶斑病、网斑病的抗性差异较大，一般直立型较蔓生型品种抗病，叶形小而叶色深绿的品种较叶形大而叶色浅绿的品种抗病，叶片厚、气孔直径小的品种抗病性好。应结合本地的种植习惯，选择适宜本地种植的高产、抗病品种。

(2) 清除菌源。冬前或早春深耕深翻，将部分生土翻到地表，全面覆盖地面，将越冬病菌埋于地表 10 cm 以下，可以明显减少越冬病菌初侵染的机会。清除田间病残体，播前清除所有田间花生秸秆，做牲畜饲料，或深埋沤肥，防止产生孢子。

(3) 加强栽培管理。适时播种，合理密植，施足基肥，特别是施足有机肥，可促进花生健壮生长，提高抗病力。

(4) 药剂防治。在发病初期病株率为 20% 时及时喷药防治，

第八章 花生绿色高质高效种植技术

可使病害减轻,一般可增产 15%~20%。可用 1:2:(150~200)的波尔多液、70%代森锰锌 400 倍液、70%甲基硫菌灵可湿性粉剂 1 000 倍液、50%多菌灵可湿性粉剂 1 000 倍液或 75%百菌清可湿性粉剂 600~800 倍液。

(二)花生青枯病

花生青枯病是重要的花生细菌性病害,在很多国家和地区均有大面积发生。我国花生青枯病发生面积在 30 万 hm² 以上,在花生主产区,一般青枯病发病率为 10%~30%,重发生田的发病率为 50%~100%,导致严重减产,甚至绝收,严重威胁花生生产。

1. 识别要点

花生青枯病在花生苗期发生极少,其危害症状表现在成株期地上部和维管束,因此,必须结合地上部、维管束的发生症状和细菌病征判断。一般在花生初花期最易感病。病株初期,在地上部主茎顶梢第一片和第二片叶先失水萎蔫,早上延迟开叶,午后提前合叶。晚上和早晨往往可以恢复 1~2 d 后,早、晚也不能恢复,病株全株或一侧叶片很快凋萎下垂。叶色暗淡,凋萎叶片的叶绿素尚未被破坏,叶片无光泽,但仍呈青绿色,故称"青枯病"。

病株易拔起,地下部先从主根尖端开始变褐湿腐,根瘤呈墨绿色,以后向上扩展,最后全根腐烂。果柄、果荚亦呈黑褐色湿腐状。解剖根或茎部,可见维管束尤其是导管部分变为淡褐色至黑褐色。横截较嫩的病茎,保湿情况下用手稍加挤压,可见截面上有白色细菌菌脓溢出。若将根茎病段悬吊浸入清水中,可见从切口涌出烟雾状的浑浊液,这显然与真菌性萎蔫不同,此乃确诊该病的可靠依据。从发病到整株枯死,一般需 7~15 d,严重时 2~3 d 可全株枯死。

2. 防治技术

（1）种植抗病品种。要结合本地的实际情况，通过引种、试种，因地制宜地选用优良品种，如天府 16 号、天府 11 号、中花 2 号、中花 6 号、粤油 256、鲁花 3 号等抗病品种。

（2）合理轮作。实行水旱轮作是控制花生青枯病发生危害的最有效措施。不能进行水旱轮作的地方，可选用免疫性作物，如旱稻、小麦、玉米、甘薯、甘蔗等实行轮作，避免与茄科、豆科、芝麻等作物连作。轮作年限视病情轻重而定，轮作周期越长，发病率越低。

（3）加强田间管理。深耕、深翻、严整土地，或引水浸田（时间越久越好）；改良土壤，在播种前，每亩土壤施石灰、草木灰 50 kg、过磷酸钙 20~30 kg，调节土壤 pH，使土壤呈微碱性，以抑制病菌生长。降低发病率；合理施肥，以增施有机肥为主，氮、磷、钾复合肥为辅；注意田间卫生，田间发现病株，应立即拔除。拔除后，撒生石灰消毒。病株应及早带出田间，集中深埋或销毁。

（4）药剂防治。发病初期，对病穴及相邻健株的花生基部灌药液 300 mL，7~10 d 灌 1 次，灌 3~4 次，可封锁发病中心，防止病害蔓延。

二、花生主要虫害

（一）花生根结线虫病

1. 危害特点

花生根结线虫病，又称"花生根瘤线虫病""花生线虫病"，俗称"地黄病""地落病""黄秧病"等，是花生的一种主要病害，在我国各主要花生产区都有发生。花生感病后，根的吸收功能被破坏，植株矮小发黄，花小且开花晚，结果少或不结果，一般减产 20%~30%，严重的可减产 70% 以上，甚至绝收。

第八章 花生绿色高质高效种植技术

主要危害植株的地下部。因地下部受害引起地上部生长发育不良。花生播种半个月后,当主根开始生长时,线虫便可侵入主根尖端,使之膨大形成纺锤形虫,初期为乳白色,后变为黄褐色,直径一般2~4 mm,表面粗糙,根系形成乱丝状的须根团,在根茎、果柄和果壳上有时也能形成根结。由于根部组织受到破坏,致使植株生长矮小。叶片发黄,叶片小,底叶叶缘焦灼,叶片早期脱落,病株开花迟,结果少而小,甚至不结果。

2. 防治技术

(1) 严格植物检疫。花生根结线虫是检疫对象。加强检疫工作保护无病区,不从病区调运花生种子;如果确需调种时,应剥去果壳,只调果仁,并在调种前将其干燥到含水量10%以下,在调运其他寄主植物时,也应实施检疫。

(2) 农业防治。轮作倒茬,与小麦、玉米、高粱等禾本科作物轮作,轮作年限越长,防治效果越明显;收获时清除病根,并将病土犁翻、暴晒,可减少线虫数量,病株、病根、病果要集中处理,清除田内外杂草寄主;合理施肥,增施有机肥;合理灌水,改善灌溉条件,修建排水沟,忌串灌,防止水浇传播。

(二) 花生蚜虫

1. 危害特点

花生蚜虫主要危害花生的嫩芽、叶片和花序,成虫和若虫群集在植株嫩茎、嫩叶及花序上,刺吸植物汁液,导致叶片卷曲、植株生长不良,严重时可引起早期落叶。此外,蚜虫还能传播病毒病,进一步危害作物。

2. 防治技术

(1) 农业防治。及时清除田间杂草,消除蚜虫的繁殖寄主。合理密植,改善田间通风透光条件,抑制蚜虫繁殖。在田间放养瓢虫、草蛉等天敌,利用生态环境控制蚜虫种群密度。

(2) 化学防治。在蚜虫发生初期,可喷施10%吡虫啉可湿性

粉剂 1 500 倍液或 3%啶虫脒乳油 1 000 倍液，每隔 7~10 d 喷 1 次，连续 2~3 次。注意交替使用不同作用机制的药剂，以延缓蚜虫抗药性的产生。

（三）花生蓟马

1. 危害特点

蓟马主要危害花生嫩叶和幼嫩部分，刺吸叶片表层细胞汁液，形成银白色斑点，严重时导致叶片畸形、枯萎，影响光合作用，降低花生成荚率。

2. 防治技术

（1）农业防治。增加田间湿度，减少蓟马的适生环境。及时清除田间杂草和残株，减少虫源基数。在田间周围种植诱虫植物（如洋葱、蒜等），吸引蓟马集中危害便于防治。

（2）化学防治。在蓟马发生初期喷施 5%阿维菌素乳油 2 000 倍液或 2%氟啶虫酰胺乳油 1 500 倍液，每隔 7~10 d 喷施 1 次，连续 2 次。注意药剂喷施均匀，尤其是叶片背面和幼嫩部位。

第九章 油菜绿色高质高效种植技术

第一节 油菜的生长发育

一、生长条件

(一) 温度

油菜是喜冷凉、抗寒力较强的作物,据试验,种子发芽的最低温度为 4~6 ℃,在 20~25 ℃条件下 4 d 就可以出苗。开花期 15~19 ℃,角果发育期 12~15 ℃,且昼夜温差大,有利开花和角果发育,促进干物质和油分的积累。

(二) 水分

油菜生育期长,营养体大,结果器官数目多,因而需水量较多,各生育阶段对水分的要求为:发芽出苗期一般土壤水分应保持在田间持水量的 65%左右;蕾薹期、开花期为田间持水量的 76%~85%,角果发育期为田间持水量的 60%~80%。

(三) 肥料

据测定,每生产 100 kg 油菜籽,氮、磷、钾三者的比例为 1∶0.35∶0.95,对三要素的需求量相当于禾谷类作物的 3 倍以上。另外,油菜对微量元素硼较敏感,缺乏易造成花而不实。

(四) 土壤

油菜是直根系作物,根系较发达,主根入土深,支、细根多,要求土层深厚,结构良好,有机质丰富,既保肥保水,又疏松通气的壤质土，在弱酸或中性土壤中，更有利于增加产量，提高菜籽含油率。

二、油菜的生长发育过程

油菜的一生可分为发芽出苗期、苗期、现蕾抽薹期、开花期和角果发育成熟期5个发育阶段。

（一）发芽出苗期

油菜种子无明显休眠期，成熟的种子播种后遇适宜条件即可发芽。种子发芽以土壤水分为田间最大持水量的60%~70%较适宜。最适温度为25 ℃，低于3~4 ℃，高于36~37 ℃都不利于发芽。在田间土壤水分适宜条件下，当日平均温度16~20 ℃，播后3~5 d出苗，5 ℃以下则20多天才能出苗。

（二）苗期

油菜从出苗至现蕾这段时间称为苗期。苗期又分为苗前期和苗后期，出苗至花芽分化为苗前期，花芽分化至现蕾为苗后期。冬油菜苗期较长，一般占全生育期的一半或一半以上，为120多天。春油菜苗期较短，一般为40~50 d。

苗期主茎一般不伸长，仅种植密度过大或春性较强的品种在早播情况下，主茎才伸长，形成高脚苗。每个节上着生一片叶，每片叶的叶腋有一个腋芽。适时早播、苗前期肥水条件好，主茎总叶片数多。

油菜花芽分化迟早，受品种和栽培条件影响，一般春性品种花芽分化早，冬性品种分化迟；春性品种一般早播早分化，迟播迟分化，而冬性强的品种不论早播、迟播花芽分化都大体在同一段时期。

苗期生长适宜的温度为10~20 ℃。水分要适宜，一般为田间最大持水量的70%以上。

第九章 油菜绿色高质高效种植技术

（三）现蕾抽薹期

油菜从现蕾至初花称为现蕾抽薹期，为营养生长和生殖生长并进时期，一般是先现蕾后抽薹。现蕾是指揭开主茎顶端 1~2 片小叶能见到明显花蕾的时期。我国冬油菜现蕾抽薹期一般在 2 月中旬至 3 月中旬，时间迟早因品种和各地气候条件而有差异。油菜一般先现蕾后抽薹，但有些品种，或在一定栽培条件下，油菜先抽薹后现蕾，或现蕾抽薹同时进行。油菜在现蕾抽薹期营养生长和生殖生长同时进行，在我国长江流域甘蓝型油菜现蕾抽薹期一般为 25~30 d。

（四）开花期

开花期是营养生长达到最大值并进入旺盛的生殖生长为主导的时期。盛花期时株高、叶面积和干重达最大值，最大叶面积系数可达 4~5，叶片光合作用旺盛。油菜花期长 30~40 d。开花期迟早和长短，因品种和各地气候条件而有差异，白菜型品种开花早，花期较长；甘蓝型和芥菜型品种开花迟，花期较短。早熟品种开花早，花期长，反之则短；气温低，花期长。油菜开花期是营养生长和生殖生长最旺盛的时期。

油菜开花顺序与花芽分化顺序相同。一朵花开花需经历 4 个阶段：显露阶段、伸长阶段、展开阶段、萎缩阶段。油菜属虫媒花和风媒花，花粉在柱头上约 45 min 后即发芽，授粉后 18~24 h 后受精。雌蕊在开花后 3 d 内受精能力最强。

油菜开花期需要一定环境条件，温度为 12~20 ℃，最适为 14~18 ℃，早熟品种适温偏低，迟熟品种适温偏高。开花期适宜的相对湿度为 70%~80%，土壤湿度应为田间最大持水量的 85% 左右。

（五）角果发育成熟期

从终花到角果籽粒成熟的一段时间称为角果发育成熟期，是

角果发育、种子形成、油分累积的过程,具体又可分为绿熟期、黄熟期和完熟期。角果发育的特点是长度增长快,宽度增长慢。种子干物质的40%是由角果皮光合产物提供的。

油菜种子由胚珠受精后发育而成。大体分为3个阶段:细胞增殖阶段、种胚发育阶段、种胚充实阶段。

第二节 油菜高产高效栽培技术

油菜是关中地区第一大油料作物,群众的食用油绝大部分都来自油菜,因此对油菜的需求量很大。但是,需求大却不能得到有效供给,问题就出来了。第一,菜籽收益低于其他农作物。第二,劳动力结构影响种植面积。随着青壮年外出务工人数明显增加,小麦机械化生产比油菜成熟,导致油菜种植面积下降而小麦种植面积增加。

为实现油菜增产、农民增收的目标,为调动农民种植油菜的积极性,为改善生活用油供给缺口不断扩大的现状,油菜高产栽培技术推广势在必行。

一、产地环境条件和要求

双低油菜是指油脂中芥酸含量低于1.0%,同时饼粕中硫代葡萄糖苷(简称硫苷)含量低于30 $\mu mol/g$的油菜品种。

隔离种植:双低油菜需实行区域隔离种植,一地一种,其间不插种其他类型、品质或品种的油菜。区域间的间隔大于500 m。

双低油菜生产必须集中连片,选择无污染油菜主产区作为"双低"油菜生产基地,最好集中连片种植,严格隔离。隔离区与其他油菜品种或能串花的十字花科蔬菜的距离应在600 m以上。

二、品种选择

以优质品种秦优7号、秦优9号、中油杂2等为主,搭配种

植秦优8号、陕油9号、绵油12号、中双9号等。

三、种子要求

种子要严格精选,要求选籽粒饱满、大小均匀、光亮、无病斑、无虫蛀、无霉变的优质种子。

四、田间种植

(一)大田直播法

1. 精细整地,施足底肥

施足底肥,每亩施有机肥1 500~2 000 kg,复合肥50 kg(氮磷钾总养分含量要求40%以上),硼砂1 kg,结合整地均匀施入土中。

在施肥方法上,有机肥和无机肥相结合,底肥与追肥相结合,底肥一次性施入,磷肥、有机肥全部底施,氮肥底肥、苗肥、蕾薹肥施肥数量比例为5:2:3。

2. 适时播种

当旬平均气温下降到18~19 ℃或冬前>0 ℃有效积温达900 ℃时的始期为直播适期,西安地区适宜播期为9月上、中旬。

3. 播种方法

直播苗提倡沟播,沟深10 cm,留沟3~4 cm,行距45~50 cm。

4. 播量

直播田每亩0.3 kg。

5. 合理密植

西安地区旱地和晚播田块可适当偏密,每亩留苗0.8万~1.0万株;早播、套种、肥力较高田块可适当稀植。

6. 苗期管理

齐苗后在3~4叶期间苗,单行留苗,株间距3~5 cm。5~6

叶期定苗，依据行距大小，按照留苗密度确定株间距，注意定苗前先查苗、补苗。定苗后应及时中耕除草。

7. 大田管理

（1）适当促控。对冬前旺长田块，可采用深锄断根，摘去老叶和适量绿叶，控制旺长；对僵苗、弱苗可适量补施肥料，促进生长。

（2）防冻保苗。喷多效唑。在6~7片真叶时，每亩用15%的多效唑粉剂50 g兑水50 kg，配成150 mg/kg的溶液喷施，能有效地增厚叶片，抑制根茎延伸，增强抗冻能力。

早培土：在油菜封行前长至8~9片真叶时，即11月初进行第一次中耕培土，围好根茎。二次复培。在12月上、中旬进行第二次培土，培厚培严实，防止根茎外露受冻。

早施薹肥，灌好冬水：在日平均气温降至4~5 ℃时进行冬灌，结合冬灌每亩施8~10 kg尿素作薹肥。

（3）春灌保墒。早灌返青水。宜在2月中、下旬土壤解冻后及时浇灌，促进油菜。

早发稳长。结合春灌要施好返青抽薹肥，每亩施尿素5~8 kg。

中耕松土：在双低油菜返青后应及时中耕锄草，疏松土壤，防止春后倒伏。

喷施硼肥、磷酸二氢钾：每亩用磷酸二氢钾100 g混合0.2%的硼砂水喷洒。

（4）防治菌核病。初花期用40%的菌核净可湿性粉剂每亩施用量100 g兑水40 kg喷施，盛花期再防治1次。

（二）育苗移栽法

1. 苗床准备

（1）苗床条件。选择土质疏松肥沃、排灌方便、地势平坦、2~3年未种过油菜或其他十字花科作物的田地。

第九章 油菜绿色高质高效种植技术

（2）苗床面积。苗床与大田比为1：（4~5）。

施足底肥：每亩施腐熟有机肥2 000 kg，过磷酸钙25~30 kg，氮磷钾复合肥20 kg左右，硼砂1 kg。

2. 适期播种

平塬、川道以9月初，山区以8月底播种为宜，每亩苗床播种0.5 kg。

（1）苗床管理。间苗、定苗齐苗后间丛生苗；第1~2片真叶时继续间苗，做到叶不搭叶，苗不靠苗；第3片真叶时进行定苗，去密留稀。苗距8~10 cm，每平方米留苗80~90株

（2）追肥。定苗后用腐熟人畜粪以每亩200~250 kg或尿素3 kg兑水200 kg浇施；5叶期后要注意控制肥水，适当蹲苗，为抑制高脚苗，3叶期每亩用15%多效唑50 g兑水50 kg喷施。移栽前7 d左右，每亩用3 kg尿素兑水浇施。

（3）病虫害防治。可用1%的甲维盐防治蚜虫、菜青虫。

3. 适时移栽

（1）壮苗标准。苗高16~18 cm，绿叶6~7片，根茎粗0.5~0.6 cm，无高脚，叶片厚，叶柄短。

（2）移栽时期。油菜苗龄达到35 d左右即开始抢时间移栽，移栽从10月中旬开始，10月下旬结束。

（3）移栽方法。在苗床中选择健壮的苗，起苗时带土，移栽后立即浇定根水，定根水中加入少量腐熟人粪尿和硼砂。

4. 大田准备

（1）施足底肥。

（2）栽植密度。采取宽行窄株方式移栽，每亩栽0.6万~0.8万株。

5. 田间管理

（1）苗期管理。追施苗肥：成活返青后，每亩追施纯氮1.5 kg提苗，15 d再浇水穴施或雨前撒施纯氮2~3 kg促苗。

松土、除草：冬前中耕除草 1~2 次。

（2）越冬期管理。中耕培土：越冬期进行一次中耕，对油菜根茎进行培土，并覆盖草木灰或猪牛栏粪，提高抗寒能力。

早施薹肥：越冬期（元月中旬）追施薹肥，结合冬灌每亩施 5~8 kg 尿素作薹肥。

（3）蕾薹期管理。蕾薹期喷 3 次，每亩用磷酸二氢钾、硼砂各 100 g，尿素 200 g，兑水 50 kg 喷雾。

五、适时收获

收获时期：终花后 30 d 左右，当全株 2/3 角果呈黄绿色，主轴基部角果呈金黄色，种皮呈黑褐色时，为适宜收获期。即"八成熟，十成收"。

第三节　油菜主要病虫害识别与防控

油菜的病虫草害防治必须坚持以防为主、综合防治的方针。防治方法包括合理轮作、选育和推广抗病品种、合理栽培管理、化学防治、生物防治等。

一、油菜的主要病害

油菜的主要病害有菌核病、病毒病（又名花叶病）、霜霉病和根肿病等。菌核病主要是由核盘菌引起的，症状表现为茎、叶、花、荚各部都可受害，以茎部受害最重，病害多从植株下部的老叶开始发生，常从叶片蔓延至叶柄和茎秆。病斑初为水渍状，淡黄褐色，扩展后为长椭圆形、长条形或成为绕茎的大斑，病健交界分明，湿度大时，病部软腐，表面生有白色絮状霉层，病斑迅速扩大，茎秆成段变白，皮层腐烂内部空心，秆腐。干燥后表皮破裂，纤维外露，剥开病茎，内有许多鼠粪状

第九章 油菜绿色高质高效种植技术

的菌核。

（一）菌核病

菌核病农业防治方法除水旱轮作、选用耐病品种、种子处理外，田间管理上应及时清沟理墒，排出积水，降低田间湿度，提高植株抗（耐）病性；化学防治方法是在初花期（主茎开花株率达90%左右、一次分枝开花株率在50%左右时）选用50%腐霉利（速克灵）、40%菌核净或50%咪鲜胺等药剂兑水30 kg机动喷雾或兑水50 kg手动喷雾。一般防治2~3次，药剂应重点喷于油菜中下部。在防治油菜菌核病时，可在药液中加入少量"速乐硼"（或硼砂），同时防治油菜花而不实。

（二）病毒病

病毒病防治除选用抗病品种外，防治蚜虫是预防油菜病毒病的关键。尤其在干旱年份，要防治周围作物的蚜虫。一般苗期每亩用50%抗蚜威可湿性粉剂或其他农药喷雾，每隔5~7 d喷药1次，连喷2~3次。

（三）油菜霜霉病

油菜霜霉病是四川省冬油菜产区的主要病害，在秋冬季霜霉病发病严重的地区，须在花期加强药剂防治。一般在3月上旬油菜抽苔至初花期时，调查病情扩展情况，病株率达10%以上时开始喷药，一般间隔6~8 d，连续用药2~3次，每次用水60~70 kg。

（四）油菜根肿病

油菜根肿病主要危害油菜根部，在主根或侧根上形成肿瘤，俗称"大脑壳病"，也称油菜的"肿瘤病"。引起根肿病的病原菌为芸苔根肿菌，属土传病害，病菌一般从根毛或幼根处侵入，地上部分出现蔫萎状或发育迟缓，从外观看，植株下部叶片叶色变淡，后逐渐变黄萎蔫，可使小苗枯死。病菌孢子萌发的最适温度

为 18~25 ℃，多雨、土壤 pH 为 5.4~6.5 时发病严重。根肿病综防措施有实行轮作、选用抗病品种、选用无病苗床、进行苗床消毒、育苗前用氢霜唑拌种及移栽前用石灰水（每桶水加 0.1~0.15 kg 石灰粉溶解）或福美双 1 000 倍液进行浸根或用作定根水。

二、油菜主要虫害

油菜主要虫害有菜粉蝶（菜青虫）、蚜虫、跳甲和猿叶甲。菜青虫是菜粉蝶的幼虫，在油菜苗期危害最严重，它能把油菜叶片吃成缺刻孔洞，严重时将全叶吃光，只留下叶柄，致使植株枯死。菜青虫还传播油菜软腐病。根据菜青虫发生和危害的特点，在防治上要掌握治早、治小的原则，将幼虫消灭在 1 龄之前。化学防治可供选用的药剂有 2.5%功夫乳油 5 000 倍液、2.5%联苯菊酯乳油（天王星）3 000 倍液、10%氯氰菊酯乳油（安绿宝）1 000~2 000 倍液、1.8%阿维菌素 30 mL/亩、2.5%溴氰菊酯乳油（敌杀死）2 000~3 000 倍液等。

（一）蚜虫

蚜虫以刺吸口器吸取油菜体内汁液，危害叶、茎、花、果，造成卷叶、死苗，植株的花序、角果萎缩，或全株枯死。蚜虫又是油菜病毒病的主要传毒媒介，病毒病的发生与蚜虫密切相关。蚜虫防治除药剂拌种处理、生物防治外，以化学防治为主，可选用 25%噻虫嗪（阿克泰）水分散粒剂。

（二）跳甲

跳甲又称跳蚤蚤，危害油菜的主要是黄曲条跳甲，其成虫、幼虫都可危害油菜，幼苗期油菜受害最重，常常被食成小孔，造成缺苗毁种。油菜移栽后，跳甲成虫从附近十字科蔬菜转移至油菜危害。猿叶甲，别名黑壳甲、乌壳虫，危害油菜的主要是大猿叶甲，以成虫和幼虫食害叶片，并且有群聚危害习性，致使叶片

第九章 油菜绿色高质高效种植技术

千疮百孔。跳甲和猿叶甲可一并防治，重点防治跳甲兼治猿叶甲。可选用的药剂有40%巨雷乳油800~1 000倍液或4.5%安绿宝乳油1 500倍液等。

第十章　油茶、芝麻、向日葵绿色高质高效种植技术

第一节　油茶

油茶优质高产栽培技术的核心目标是实现"优质高产"。"优质"体现在立地条件优越、林分树体优良、产品质量优秀；"高产"则强调生物产量高、林地利用率高及产品品质提升。要达到这些目标，栽培技术必须过硬，将传统成功经验与现代技术有效结合，通过系统化措施全面提升栽培水平。

一、适地适树

适地适树是造林技术的首要原则，即根据不同区域条件选择适宜的树种，并将其种植在最适宜的地方。油茶栽培需遵循以下3个原则：一是依据立地条件选择与之匹配的树种或根据树种特性确定适宜的生长环境；二是考虑国家建设及民生需求，如为保障国家粮油安全，优先发展油茶产业；三是根据经济效益选择高生长速率、高实用价值的树种。尽管油茶适应性较强，对土壤要求不高，但要获得优质高产，必须选择土壤肥沃、pH 4.5~6.0 的深厚砂质红壤、黄壤或黄红壤，土层深度应达 1 m 以上，排水良好，地下水位低于 1 m，海拔 100~500 m、坡度小于 25° 的缓坡。此外，无公害栽培需远离污染源。

二、良种壮苗

良种壮苗是油茶高产的物质基础。选用优良品种和健康壮苗

第十章 油茶、芝麻、向日葵绿色高质高效种植技术

对造林效果至关重要。优质品种能够在不增加劳动力与肥料的情况下显著提高产量,因而是实现优质高产的基础。新造油茶宜选用通过国家或省级审定的优质品种,如"湘林""赣无""长林"等系列,这些品种稳产条件下每亩产量可达 30 kg 以上。苗木方面,优良家系与杂交子代应采用一年生实生苗,无性系宜采用芽苗砧嫁接两年生裸根苗,规格达到二级苗以上方可用于造林。此外,一年生营养杯嫁接苗亦可直接上山,杯规格为 8 cm×9 cm 或 9 cm×9 cm,苗高 10 cm,基径约 0.2 cm。

三、培育菌根

菌根是促进苗木早期生长、提高生物产量及增强抗逆性的关键因素,被誉为造林的第三基本要素(适地适树和良种壮苗为第一和第二要素)。菌根能够提升土壤适应性并产生生长激素促进植物生长。研究表明,油茶等山茶属植物普遍具有内生菌根,菌根在酸性沙壤至中壤土中发育最佳,分布集中于表土层 0~30 cm 处。根据菌根的生长规律,新造油茶林地需特别重视菌根环境优化,选择疏松、湿度适中、有机质丰富的土壤,并采取有效培育措施,确保菌根在油茶优质高产栽培中发挥重要作用。

四、科学造林

油茶种植以提高成活率为目标,强调实现速生、早结实及优质高产。除前述适地适树、良种壮苗和菌根培育等关键环节外,科学造林的核心还在于规范整地、施足底肥、适时造林、合理密植、品系混栽以及精心栽植等技术措施的全面落实。

(一)规范整地

整地的主要目的是清除杂草灌木,疏松土壤,为土壤改良和幼林生长提供良好条件。整地基本原则是科学规范、因地制宜,尤其要注重防止水土流失。林地多采用全面清理法,即在夏秋季

清理杂草灌木后进行炼山，同时严防火灾。特殊地段如水库周围，则采用带状或穴状清理以保持水土。整地方法分为全垦整地与局部整地：全垦适用于平坦或缓坡地，深度为15~30 cm，穴规格为70 cm×70 cm×70 cm；局部整地包含带状、穴状、鱼鳞坑等方法，根据地形、坡度和土壤特点选用。整地时间需在造林前2~3个月完成，以积蓄雨水、促进土壤风化。

（二）施足底肥

施足底肥是油茶优质高产的重要保障。实践表明，施底肥的苗木生长后劲足，林木成林快、结实早、产量高。每穴应施30 kg 农家肥，与表土拌匀回填。按亩计，农家肥总量需达 2 t 以上，以充分满足苗木的生长需求。

（三）适时造林

油茶造林在当年11月下旬至次年3月上旬均可进行，但以芽将萌动之前的早春栽植最为适宜，最迟不得超过"惊蛰"时节。宜选在阴天或晴天傍晚栽植；雨天因土壤太湿，易造成土壤板结，通气不良，影响成活率，不宜造林。

（四）合理密度

造林密度应根据立地条件、品种特性和经营目的及管理水平而定，做到密度合理。综合各地经验，土壤条件好，长期进行林粮间作，宜采用3.3 m×6.7 m 或 3.3 m×5.0 m 的株行距，即每亩30~40株；土壤条件较好，不长期间种，株行距3.3 m×4.0 m 或 3.3 m×3.3 m，每亩50~60株；条件较差的，不搞林粮间作的，株行距2.67 m×3.3 m 或 2.0 m×3.3 m，每亩75~90株。从总体上看，在一般立地条件下，油茶每亩栽70~120株。总之，要因地制宜，视具体情况确定合理的密度。

（五）品系混栽

油茶是异花授粉性较强的常绿树种，采用于主栽品种花期、

第十章 油茶、芝麻、向日葵绿色高质高效种植技术

果期一致的多品系混栽尤为必要,对提高授粉率和坐果率具有显著作用,以达到优质高产目的,最好选 8 个以上适合本地区生长的优良品系进行配置。混栽品种与主栽品种间距不应超过 50 m。

(六)精心栽植

栽植时,最好能在根兜处加些火土灰、磨细的稻田土或肥沃的坑泥土作定植土,将苗木根系自然舒展开,加土分层压实。栽植裸根嫁接苗时,要使嫁接口与地面平,浇透水使根系与土壤紧密结合,做到根舒、苗正、土实。千万不能用手用力提苗。

五、精细培管

油茶优质高产重在精细培管,常言道:"三分造林,七分管理""油茶增产没有巧,只要垦复培管好",这说明了精细培管的重要性。

(一)幼林培育

幼林阶段的重点在于封禁保护、及时补植、除草松土、合理间种、树型培育及施肥灌溉。

第一,封禁保护。新造林需及时设置封禁牌,防止放牧及人为破坏。

第二,及时补植。成活率不足 80% 的林地应在雨季或早春补植健壮苗木,以确保林分完整性。

第三,除草松土。通过除草改善土壤通透性,减少杂草竞争,并结合适当培土保水蓄肥,每年进行 2~3 次,夏秋季为重点时段。

第四,合理间种。幼林未郁闭期间可间种黄豆、绿豆等低秆作物,避免高秆或藤蔓作物,间作距树兜 50 cm 以上,并及时施肥促进幼林快速生长。

第五,树型培育。通过修剪定干,合理培养主枝、副主枝及侧枝,形成丰产稳产的树冠结构,避免徒长及密生枝条。

第六，施肥灌溉。施氮肥为主，配合磷钾肥，每年1~2次，定植当年不施肥，次年3月新梢萌动前追施氮肥，每株用量0.1~0.5 kg。干旱季节及时灌溉抗旱。

（二）成林培管

为了实现大面积油茶优质高产，必须抓好成林阶段的抚育管理。良种油茶进入盛果期通常需8~10年，经济收益期限可达30~50年。盛果期树体消耗大量营养，因此管理的重点在于加强土壤、肥料与水分管理，恢复树势，防治病虫害，从而保持优质高产及稳产丰收。

1. 深挖垦复

深挖垦复旨在促进土壤熟化，改善理化性状，满足油茶树体对养分的需求，优化根系环境，扩大根系分布，提高抗旱抗冻能力。通常每隔一年对土壤进行深挖垦复。群众总结出一套经验："一年不垦草成行，二年不垦减产量，三年不垦叶子黄，四年不垦茶山荒。"在冬春季节进行深挖垦复，深度21~24 cm，但要避免年年深挖，以免损伤根系。深挖的具体要求："成林深挖，幼树浅挖；冠外深些，冠内浅些"。此外，夏季中耕浅锄尤为重要，能够加速杂草和灌木分解，转化为肥料，同时改善土壤水分、空气和温度的相互关系，促进油茶壮果长油、花芽孕育和根系生长。

2. 科学施肥

油茶具有"抱子怀胎"的特性，全年花果不断，因此需从土壤中吸收大量养分。据研究，每生产100 kg鲜果需吸收氮素11.10 kg、磷素0.85 kg和钾素3.4 kg。为满足营养生长和结实需求，施肥应以N:P:K=10:6:8的比例配比，每年每株施速效肥1~2 kg、有机肥15~20 kg。施肥还可结合叶面追肥，喷施磷酸二氢钾、尿素或微量元素，以调节树势、改善品质并提高抗逆性。

3. 及时灌溉

挂果期水分需求量大，尤其在长江流域的夏季干旱时期

第十章 油茶、芝麻、向日葵绿色高质高效种植技术

(7—9月),水分不足会显著影响果实膨大和油脂积累。科学研究表明,当叶片细胞浓度≥65%,或土壤含水量≤18.2%时,应及时灌溉以避免减产。此外,在春季雨水多时还需注意排涝,以防止树体根系受损。

4. 合理修剪

修剪是调节树体结构、优化通风透光条件、减少病虫害的重要措施。修剪应在果实采收后至春梢萌发前进行,以修剪叶芽为主,促使养分集中和春梢萌发结果。修剪方法以"内饱外满、中空左右均匀"为原则,主要剪去枯枝、病虫枝、徒长枝等,同时合理疏删密生枝和交叉枝,避免过度短截。修剪后需及时除萌抹芽,并加强垦复中耕、施肥和病虫害防治等管理。

5. 放养蜜蜂

在油茶林中放养蜜蜂不仅可提高授粉率,增加产量35%以上,还可每亩每年产出8~15 kg蜂蜜。采用中国黑蜂、高加索蜂或高意杂交蜂等适宜品种,同时采取解毒及蜜蜂管理技术,可提高油茶林的综合经济效益。

6. 保花护果

油茶落花落果普遍,主要原因包括授粉不良、营养缺乏和病虫害危害。因此,采取综合措施保花护果十分必要。通过选育优良品种、合理施肥、修剪、垦复及防治病虫害等方式,改善树体营养平衡和授粉条件。此外,在花期使用生长素和叶面追肥,可显著提高花芽分化和坐果率。人工辅助授粉和培养有益昆虫也是有效的保花护果措施。

六、主要病虫害识别与防控

(一) 油茶主要病害

1. 油茶炭疽病

(1) 识别要点。油茶炭疽病主要侵染叶片、枝梢和果实。叶

片发病初期出现褐色小斑点，随后病斑扩大为圆形或不规则形状，中央呈灰白色，边缘为深褐色。果实染病时表现为凹陷的褐色病斑，严重时果实干缩脱落，直接影响产量和品质。

（2）防治技术。

农业防治。冬季及时清除病残枝叶，并集中烧毁以减少病源。同时，加强林间通风透光，降低湿度，优化林间小气候，从根本上减少病害发生的可能性。

化学防治。在病害初期，喷施 70% 代森锰锌 500 倍液或 50% 多菌灵 500 倍液，每隔 10~15 d 喷 1 次，连续 2~3 次，能够有效控制病情发展。

2. 油茶烟煤病

（1）识别要点。油茶烟煤病由真菌寄生于介壳虫等害虫分泌的蜜露上引发，病斑呈黑色霉层覆盖在叶片和果实表面，严重影响植株的光合作用和正常生长。

（2）防治技术。

农业防治。重点防治介壳虫等蜜露分泌害虫，从源头切断病原传播途径。同时，保持林间环境卫生，及时清理受害部位。

化学防治。发病初期，可喷施石硫合剂，每隔 10 d 喷 1 次，连续喷施 2~3 次，以清除表面真菌病斑。

3. 油茶枯梢病

（1）识别要点。油茶枯梢病主要侵染枝梢，导致梢叶枯黄脱落，枝条逐渐干枯死亡，病部表面常出现灰白色或灰褐色霉层。

（2）防治技术。

农业防治。及时修剪病梢，并将病残枝集中烧毁，减少病原积累。同时，加强林地管理，改善树体的营养水平和抗病能力。

化学防治。发病期喷施 25% 嘧菌酯悬浮剂 1 500 倍液或 50% 甲基硫菌灵 1 000 倍液，对病害有良好的防控效果。

第十章 油茶、芝麻、向日葵绿色高质高效种植技术

(二) 油茶主要虫害

1. 油茶尺蠖

(1) 识别要点。油茶尺蠖的幼虫以叶片为食,造成叶片残缺甚至全部吃光,仅剩叶脉,严重时会导致树体营养不足,影响生长发育。

(2) 防治技术。

农业防治。秋冬季深翻土壤,消灭越冬幼虫。在成虫期采用灯光诱杀成虫,减少产卵量,降低虫口基数。

化学防治。幼虫发生期喷施1.2%烟碱乳油1 000倍液或25%灭幼脲悬浮剂1 500倍液,每隔7~10 d喷施1次,连续喷施2次。

2. 油茶毒蛾

(1) 识别要点。油茶毒蛾幼虫大量啃食叶片,导致叶片大面积受害,仅剩叶脉,严重影响光合作用,导致树势衰弱。

(2) 防治技术。

农业防治。人工捕捉成虫和幼虫,并清除虫卵块以降低虫源密度。在成虫高峰期,可采用灯光诱杀减少虫害发生。

化学防治。幼虫初孵期喷施50%敌敌畏乳油1 500倍液或20%氯虫苯甲酰胺悬浮剂1 500倍液,杀虫效果显著。

3. 油茶介壳虫

(1) 识别要点。介壳虫通过吸食油茶叶片和枝干的汁液削弱树势,同时分泌蜜露诱发烟煤病,间接增加病害风险。

(2) 防治技术。

农业防治。冬季及时修剪受害枝条,并集中处理,减少虫源基数。

化学防治。若虫孵化期喷施25%噻虫嗪可湿性粉剂2 000倍液,能够有效控制虫害扩散。

4. 油茶木蠹蛾

(1) 识别要点。木蠹蛾幼虫钻入枝干内部,啃食木质部组织,导致枝条逐渐枯死,严重时甚至整株死亡。

(2) 防治技术。

农业防治。及时清除受害严重的枝条并集中烧毁,减少虫害传播。

化学防治。在幼虫危害期,用注射器将50%敌敌畏原液注入虫孔,并用黏泥封堵虫孔,阻断虫害扩散。

第二节 芝麻

一、栽培技术

(一) 选育良种

1. 芝麻类型

(1) 按株型分类。

多分枝型:具有8个以上分枝,且出现第二次或第三次分枝。

普通分枝型:具有3~8个分枝。

少分枝型:仅有1~2个分枝。

单秆型:正常密度下不分枝,早播或肥水充足时可能产生1~2个非遗传性分枝。

(2) 按叶腋着生花数分类。

单花型:每叶腋着生1朵花。

三花型:每叶腋着生3朵花。

多花型:每叶腋着生3朵以上花,亦称单蒴型、三蒴型、多蒴型。

(3) 按花冠颜色分类。包括白色、粉红色、浅紫色、紫色和黄色等。

(4) 按蒴果棱数分类。分为四棱、六棱、八棱及混生型。

第十章　油茶、芝麻、向日葵绿色高质高效种植技术

（5）按蒴果长度分类。

普通型：蒴果长度 2.5~3.5 cm。

短蒴型：蒴果长度小于 2.5 cm。

瘦长型：蒴果长度大于 3.5 cm。

（6）按种皮颜色分类。种皮颜色包括白、黄、灰、黑等色，且存在过渡色，如乌黑色、褐黑色、浅黑色等。

（7）按种子用途分类。分为油用型、食用型及兼用型。

2. 品种选择

芝麻品种需因地制宜选择，综合考虑产量、适应性和抗逆性。

（1）白芝麻优良品种。推广的白芝麻品种有中芝系列（中芝杂 11 号至 20 号、中芝 75 号等）、豫芝系列、郑杂芝系列、皖芝系列、晋芝系列、辽芝系列等。

（2）黑芝麻优良品种。新育成的黑芝麻品种包括中芝 9 号、中油 94CH5、赣芝系列等；地方农家黑芝麻品种有阳新黑芝麻、扶风黑芝麻等。

（二）整地播种

1. 选地整地

（1）轮作换茬。芝麻不耐连作，重茬将导致病害增加、地力下降、产量降低。研究表明，连作茎点枯病发病率达 15%~70%，而轮作可有效降低病害，建议 2~3 年轮作一次。

（2）施肥整地。根据芝麻需肥规律测土配方施肥。中等肥力地块亩产 75 kg 设计下，每亩底施芝麻专用肥 50 kg，翻耕细耙后开沟定厢，确保土壤细碎平整。芝麻耐渍性差，需完善厢沟、腰沟和围沟以防渍害，并确保雨后及时排水。

2. 精细播种

（1）适期播种。适时播种可延长营养生长期，提高抗逆性和产量。全国夏播芝麻主要适宜 5 月下旬至 6 月上旬播种，迟播则

生育期缩短、产量降低。长江中游地区的秋芝麻宜在 7 月上中旬播种，南方地区可推迟至 8 月上旬。

（2）精量播种。芝麻种子千粒重 3~3.5 g，每亩需种量约 300 g。采用撒播或条播，播种深度 2~3 cm，确保田间出苗率在 80% 以上，达到 12 万~16 万苗。

（三）田间管理

1. 化学除草

（1）杂草种类。根据全国芝麻主产区调查，芝麻田杂草共有 66 种，其中禾本科杂草 16 种，莎草科 1 种，阔叶类杂草 45 种，隶属 25 个科目。禾本科杂草占杂草种类的 24.2%，阔叶杂草及莎草科杂草占 75.8%。杂草类型中一年生占 81%，多年生占 19%。在芝麻主产区常见的主要杂草包括马唐、马齿苋、反枝苋、牛筋草、狗尾草、香附子和刺苋等。

（2）化学防治。

播后芽前防治。在芝麻播种后出苗前，每亩用 50% 乙草胺乳油 70~100 mL 或 72% 异丙甲草胺（都尔）乳油 150 mL，或 48% 拉索乳油 200~250 mL，兑水 40~50 kg 稀释后均匀喷洒地面。施药后保持土壤湿润，并避免 20 d 内中耕，以防破坏药效层。

芝麻出苗后除草。在杂草 2~3 叶期，每亩可选用 10.8% 高效氟吡甲禾灵乳油 20~30 mL、12% 烯草酮乳油 25~35 mL、15% 精吡氟禾草灵乳油 50~75 mL，兑水 50 kg 稀释后喷洒杂草茎叶。施药后需保持田间湿润，并在 20 d 内避免中耕。

2. 培育壮苗

（1）间苗定苗。田间出苗数通常高于所需留苗数的 10 倍，因此应及时间苗，避免苗挤苗导致高脚苗、瘦弱苗、黄化苗和死苗。在第一对真叶期，结合中耕除草进行第一次疏苗；在 2~3 对真叶期进行第二次间苗；在 3~4 对真叶期时完成定苗，确保田间苗距均匀。

第十章 油茶、芝麻、向日葵绿色高质高效种植技术

（2）合理密植。芝麻的田间种植密度根据品种类型、播种季节和土壤肥力调整。单秆型品种在夏播中等肥力地块中，每亩约种植 15 000 株；分枝型品种在春播肥力较高的地块中，每亩种植 8 000~10 000 株；在肥力较低地块的秋季播种时，每亩可增加至 18 000 株左右。

（3）追肥促苗。芝麻的生长需要充足养分，单靠底肥难以满足中后期开花、结蒴的需求，应根据苗情及时追肥。

早追苗肥。定苗后，针对单秆型品种在现蕾前追肥，分枝型品种则在分枝前追肥。每亩施尿素 5~10 kg，有助于促进苗势生长。

稳施蕾肥。现蕾至初花期是芝麻营养与生殖生长并进的关键期，追施蕾肥可促进植株健壮、叶色浓绿和蕾多的高产长相。每亩施尿素 5~6 kg，增加植株高度、轴长度和果节数，促进花芽分化。

根外喷肥。在封顶期和结蒴期结合病虫害防治进行根外追肥。使用浓度为磷酸二氢钾 0.3%~0.4%，硼砂 0.1%，尿素 1%。喷施时可加适量洗衣粉作为展着剂，宜在傍晚进行。

（4）因苗调控。利用植物生长调节剂，可增强根系发育、控制徒长，平衡营养和生殖生长，达到稳健早发、防止落花落蒴的效果，增产幅度可达 8%~30%。

抑制型调节剂。如矮壮素、缩节胺、多效唑等，可减少纵向生长，增强横向生长和叶片光合作用，提升抗逆性与产量。

促进型调节剂。如赤霉素、吲哚乙酸等，可促进芝麻根系活力，增加单株叶片数，提高抗逆性和产量。

（5）适时打顶。芝麻顶部几个节位的花朵通常难以形成饱满蒴果，为避免浪费营养，需进行适时打顶。打顶可减少无效消耗，延长功能叶、蒴的作用期，从而提高产量。据试验，打顶可使蒴粒数增加 16.8%、千粒重增加 4.2%、秕粒数减少 46.3%，

整体种子产量提高 10%~15%。打顶时间宜在开花盛期之后，植株生长良好的打顶长度为摘除主茎顶部 1.0~1.5 cm；长势较差的则可摘除 3~4 cm 顶部梢部。

(四) 芝麻的收获

1. 芝麻成熟标志

芝麻成熟标志的判别依据品种的不同而略有差异，通常分为以下两类：第一类品种成熟时，茎、叶及蒴果由青绿色转为黄色，并伴随大量落叶但未完全成熟；第二类品种成熟时，茎、叶及蒴果仍呈青绿色。判断芝麻是否成熟，不能仅凭植株外部颜色，应结合种子成熟度及品种固有种皮色泽加以综合判断。成熟期的典型特征是植株中下部蒴果内种子饱满，种皮呈品种固有色泽，中部蒴果处于灌浆饱满状态，上部蒴果籽粒达到乳熟后期，同时下部蒴果已有 2~3 个开始轻微裂开。通常，芝麻在终花后 20 d 或打顶后 25 d 进入适宜的收获期。

2. 适期收获

芝麻的花期较长，下部蒴果成熟时，上部蒴果可能还在开花，整株蒴果成熟度差异较大。但未成熟蒴果在植株上能继续完成后熟作用。若等到全株蒴果完全一致成熟，下部蒴果早已开裂，籽粒大量散失，将影响收成。芝麻的适期收获应避开中午强烈阳光，选择早晚进行。采收时要轻割、轻放、轻捆、轻运，以减少落粒损失。收割一般采用人工镰刀，在距离地面 3~7 cm 处斜向上割断茎秆，这样有助于植株养分继续向籽粒转移，促进后熟，同时避免泥土混入，利于籽粒干燥且节省人力。

3. 晾晒及脱粒

(1) 晾晒。割取的芝麻植株需捆成直径约 20 cm 的小束（每束约 30 株）。捆扎时应选择植株中下部为捆扎点，捆高会导致蒴果中间不易干燥且闷心霉烂，捆低则容易松散，影响晾晒效果。将小束运至场院，每 3~4 束搭建成棚架，蒴果朝上，并互相套架

第十章 油茶、芝麻、向日葵绿色高质高效种植技术

形成东西走向排列,有助于暴晒及通风干燥。

(2) 脱粒。当大部分蒴果裂开时,可进行第一次脱粒操作。在脱粒前,需铺设布单或塑料布以避免泥土混入籽粒。脱粒方法通常为倒提小束,两束相撞击或用木棍敲击茎秆,待籽粒脱落后再放回原位,如此操作 3~4 次后,再将芝麻束捆头朝上猛墩硬地,再倒提敲击茎秆,借反弹作用将剩余籽粒完全脱出。对于收割面积较大的田块,可采取"闷堆"方式对籽粒进行后熟处理,堆放 2~4 d 后立即散堆暴晒,最后重复脱粒 2~3 次直至籽粒脱净。

(3) 晒干除杂。脱粒后的芝麻籽粒需继续晾晒,晒场应提前预热,以避免籽粒表层与底层吸湿不均而引发变质。晾晒时应薄摊籽粒,勤翻动,并进行风选和筛选,确保籽粒含水量低于 7%,净度达到 99% 以上。晾晒充分后应及时摊晾降温后入库贮藏,避免余热积聚造成不良变化。

(五) 芝麻的贮藏

1. 籽粒贮藏特点

籽粒堆通透性差。芝麻籽粒细小,呈平椭圆形,顶端稍尖,籽粒间隙度低。加之含杂质多(细小尘土占杂质的 80% 以上),籽粒堆通风换气阻力大,通透性较差。

籽粒易吸湿返潮。芝麻籽粒种皮脆薄、子叶细嫩,表面积大,含脂肪及蛋白质较多,具较强吸湿性。此外,杂质含量高也易导致返潮。

籽粒易发热霉变。高脂肪含量、吸湿性强、堆通透性差以及病菌含量高,使芝麻籽粒容易发热霉变。

2. 芝麻籽粒贮藏

籽粒入库前需清扫库房,使用 10% 石灰水消毒,并通风去潮,堵塞鼠洞,喷洒高效低毒杀虫药以清除病虫害。在库房地面铺设距离地面约 50 cm 的垫物,使籽粒不直接接触地面,避免受

潮或污染。

3. 芝麻贮藏方法

芝麻的贮藏主要分为以下3种方式。

包装法。采用化纤或塑料薄膜双层黏合防潮袋,能有效控制温湿度,同时便于运输。

囤装法。囤装需在囤体上下或内侧加设塑料薄膜密封,并在囤内放置内径 30 cm 左右的竹编散热筒,用塑料膜镶外径,确保通风散热效果。

罐装法。多用于留种,罐装能有效防潮、防鼠害、不生虫、不霉变,贮藏效果佳。

二、主要病虫害识别与防控

(一) 芝麻主要病害

1. 芝麻病害种类

芝麻主要病害,真菌性病害有枯萎病、茎点枯病、叶斑病、立枯病、疫病、白粉病、根腐病、白绢病;细菌性病害有芝麻青枯病;病毒病有普通花叶病、黄花叶病、皱缩矮化病等。

芝麻病害发生的原因,与芝麻病害种类繁多,病原来源广泛,但病害的发生和流行,必须具有易感病的植株、一定数量的病原、发病的适宜温度的湿度3个条件。

(1) 病原。病原主要包括真菌、细菌和病毒,这些病菌在条件适宜时,经过一定途径传播到植株上,导致植株发病。病原传播的方式主要有种子带菌、空气传播、病株残体、土壤带菌、灌溉水带菌、设施带菌、昆虫传菌等。

(2) 适宜的发病条件。不同的病害发生、流行、侵染均需要一定的环境条件。除少数病害发病需在高温、干旱的条件下外,大多数病害适于在温和、高湿的条件下发生。多种病害发生的适宜温度为 15~20 ℃,这也是芝麻生长发育所需的温度。因此,只

第十章 油茶、芝麻、向日葵绿色高质高效种植技术

要芝麻生长发育,病菌也就一定跟着发生、发展。

(3)植株抗病性差。尽管有适宜的发病环境条件,有足够数量的病原,还必须有抗病力弱、易发病的植株方可发病、传播。这就是在相同条件下,不同的植株发病情况不一样的主要原因。

(4)病害的传播途径。病原菌必须通过一定的途径才能侵入到其他植株上,造成病害的传播。茎点枯病、叶枯病、疫病等主要依靠风、水滴和田间操作来传播;青枯病等主要依靠灌溉水、土壤耕作、地下害虫等传播;病毒病依靠蚜虫和农事操作接触传播。传播途径的有与否,是病害发生的重要条件之一。

(5)防治不力。病害的发生、流行,是一个由少到多,由轻微到严重的过程。如果在发病初期未能及早采取措施,或是措施不力,均会造成病害的发生、传播。

2. 综合防治技术

坚持预防为主,综合防治的植保方针,将农业技术防治、化学药剂防治、生物防治及物理机械防治等有机结合起来,形成一个综合防治体系。一是选用抗病品种,二是实行轮作换茬,三是采用深沟窄厢种植,四是清除田间病株,五是化学药剂防治等。

(二)芝麻主要虫害

1. 危害芝麻的虫害类型

芝麻虫害常见的主要有地老虎、蚜虫、甜菜夜蛾、芝麻天蛾、盲蝽象、芝麻螟蛾、土蝗、棉铃虫、蓟马、蝼蛄、金龟子、金针虫等多种害虫。发生普遍、危害严重的主要是小地老虎、蚜虫、甜菜夜蛾、芝麻天蛾、盲蝽象等。

2. 芝麻虫害防治技术

搞好田间虫情观测预报,达到防治指标,选用对口农药,适时、适量喷施,控制虫害蔓延危害。

第三节 向日葵

一、栽培技术

(一) 轮作倒茬

向日葵必须坚持4年以上轮作,这是高产栽培和防病的基本条件,忌重茬和迎茬,不应和深根作物连作,禾谷类作物是较好的前茬。通过合理轮作,平衡土壤养分,消灭杂草,减轻病虫危害,有利于恢复和提高地力,做到用地与养地相结合。

(二) 精细整地、蓄水保墒

前茬作物收获后,立即深翻20 cm以上。结合深翻每亩施优质农家肥2 000~3 000 kg,翻后及时耙耢整地,捡净根茬,做到地平、土细、无坷垃。并在"三九"压地,早春顶凌耙地,达到耕层土壤上松下实。

(三) 种子处理

1. 精选种子

人工选粒,剔除明显的大花纹粒和双胚畸形粒。

2. 晒种

播前晒2~3 d,可增强种子内酶的活性,播后发芽快,出苗齐。

3. 药剂拌种

用50%多菌灵可湿性粉剂500 g,拌种50~60 kg或同一药剂500倍液浸种4 h预防菌核病;用种子重量0.1%~0.2%的瑞毒霉拌种预防霜霉病;用50%辛硫磷乳油50 mL兑水250 mL拌种50 kg,防治地下害虫。上述药剂应单独拌种,先拌杀菌剂,后拌杀虫剂,将拌好的种子放在背阴处闷2~3 h,并经发芽试验,确

第十章 油茶、芝麻、向日葵绿色高质高效种植技术

认无药害方可播种。

4. 种子包衣处理

由于种衣剂内含杀菌、杀虫剂和微量元素,具有防病、防虫、促进苗全、苗壮的综合作用,一般可增产10%左右。

(四) 适时播种

1. 播期

当土壤5 cm土层温度稳定在8~10 ℃时即可播种,适宜播期为5月中下旬至6月上旬,夏播在7月上旬为宜。播期早晚对向日葵产量和品质影响较大,在保证正常成熟的前提下,提倡适时晚播。播种过早,苗期易逢害虫危害,开花期容易赶上高温多雨,不利于授粉,秕粒增加,病害加重。适期晚播,灌浆后期昼夜温差大,有利于干物质和油分积累,可以提高产量和含油率。

2. 播种方法

人工点播,在半干旱地区深开沟浅覆土,将种子播在墒情较好的潮土上。播深以3~5 cm为宜,墒情较差时,播深可达5~8 cm。播种时每亩施磷酸二铵7.5~10.0 kg、碳铵20~30 kg、硫酸钾5 kg做种肥,严禁肥和种子接触,防止烧苗。

3. 播量

食用葵每亩用量1.0~1.5 kg,油用葵每亩用量0.4~0.5 kg。

(五) 合理密植

食用葵每亩保苗2 200~2 500株,油用葵每亩保苗3 000~4 000株。

(六) 田间管理

1. 早间苗、早定苗、早放苗

1对真叶时间苗,2对真叶定苗,对先播种后覆膜的向日葵出苗后应及时破膜放苗。

2. 中耕除草

结合间苗进行根际松土,4~5片叶时进行第二次中耕,9~10

片叶时进行铲蹚。

3. 合理追肥

现蕾前结合蹚地进行追施，一般一次性追施 15~20 kg 尿素为宜，追肥距根际 10 cm 左右。

4. 科学灌水

在现蕾、开花和灌浆期，如遇长期干旱，已造成叶片萎蔫（中午萎蔫，晚上仍不能正常恢复），要适当灌水。

5. 人工辅助授粉

向日葵是异花授粉作物，在蜂源不足的情况下，开花后 2~3 d，于 9：00—11：00，16：00—17：00 进行人工授粉，用粉扑子与花盘接触，每隔 3~4 d 授粉 1 次，应进行 2~3 次。

6. 叶面喷肥

花期喷 0.3%~0.5%磷酸二氢钾溶液或在其溶液中加入 1 kg 尿素，每亩喷 50~70 kg，每隔 7 d 喷 1 次，喷 2 次即可，硼肥不足地块，花期用 0.2%硼砂溶液叶面喷施 40 kg，可增加千粒重。

（七）适时收获

花盘背面发黄，子粒变硬时（托叶变褐色，舌状花冠脱落，筒状花一抹即掉），即向日葵收获适期。收获时将花盘割下，统一运往场院，边晾晒、边脱粒。同时将病株及时带出田外，集中烧毁或深埋，覆膜田要及时清除残膜，净化农田。

脱粒后的籽实，避免大堆长期堆放，以免造成霉烂损失。当水分降到 8%~9%时即可入库贮藏，仓库要避光、隔气，保持干燥、低温的贮藏条件。贮藏时也不要大堆堆放，袋装贮藏，冬季不超过 6 层，夏季不超过 4 层；散堆贮藏，冬季堆高不超过 2.5 m，夏季堆高不超过 1.5 m。

二、主要病虫害识别与防控

向日葵主要病虫害有菌核病、锈病、灰霉病、黑斑病、褐斑

第十章 油茶、芝麻、向日葵绿色高质高效种植技术

病、黄萎病、向日葵螟、向日葵列当等。

（一）向日葵主要病害

1. 菌核病

为世界性病害，我国主要分布于黑龙江、吉林、辽宁、江西等省，也是向日葵病害中发生危害最重的病害之一。

（1）识别要点。病原菌菌丝纠结成团形成黑色鼠粪状菌核，遗落在田间的菌核在适宜条件下萌发菌丝，植株苗期被菌丝侵入根部发病形成茎基腐，开始叶片在日光下萎蔫，但浇水后或晚间还可恢复，后逐渐变为不可恢复，最后死亡。当温度在 15~20 ℃、相对湿度在 60% 以上时菌核萌发产生子囊盘弹射子囊孢子，子囊孢子侵染植株茎秆和花，形成茎腐和盘腐。三种症状的病株都能产生大量的菌核，一般年份以盘腐发病率高，影响产量大，生成菌核量也大，因此是防治的重点。

（2）防治方法。

轮作倒茬。应实行与禾本科作物 3~4 年的轮作，轮作 4 年田间菌源量仅为轮作前的 7.3%，而活菌核量仅为轮作前的 4.61%。

选种及种子处理。选择健株留种，单打单收，选好后的种子用 50% 多菌灵可湿性粉剂 500 倍液浸种 4 h。

拔除病株。收获前 10 d 拔除病株，将割除的病株带到田外深埋 100 cm。

适时晚播。适当迟播使花期推迟，躲过雨季，减少孢子侵染的概率。

药剂防治。初花期用 50% 腐霉利可湿性粉剂 1 000 倍液喷洒，药液必须喷洒在向日葵花盘的正面，间隔 10 d 后再喷 1 次，防效可达 85% 左右。还可用 50% 多菌灵可湿性粉剂 500 倍液喷雾，防效达 75% 左右，喷药后 24 h 内如遇雨应再喷 1 次。

2. 锈病

锈病是一种发展速度快，受害范围广，造成损失大的一种

病害。

(1) 识别要点。向日葵锈病发生在向日葵的叶片、叶柄、花盘、萼片和茎秆上，形成点状铁锈色堆积物，从子叶展开时即可发病，但主要危害向日葵中后期叶片。受害叶片散生一些褐色粉状夏孢子堆，有时花盘的苞叶上也有发生，之后为黑褐色冬孢子堆。感病严重时，叶片萎蔫、干枯、生长迟缓，直接影响产量和出油率。

(2) 防治方法。①消灭越冬菌源。向日葵锈病的冬孢子在叶片花盘等残体上越冬，向日葵收获后散落在田间的残株病叶是来年锈病发生的根源，因此要把田间的病株进行深埋或焚烧，把花盘及碎物进行粉碎做饲料或沤制作肥料使用。同时进行深耕，把遗留在地面的病残体翻入地下深埋土中，这样可以大大减少越冬菌源量，减轻发病程度。②选用抗病性较强的品种，是减轻发病程度，减少损失的重要手段。③轮作倒茬。④土壤处理。用70%代森锰锌可湿性粉剂每亩200 g拌适量沙土，结合播种均匀撒入。⑤药剂防治。用40%三唑酮（粉锈宁）800倍液均匀进行喷雾防治，喷时要把上下叶片、叶片上下面、背面均匀喷到，每7~10 d喷施1次，共喷2~3次。

3. 灰霉病

(1) 识别要点。各阶段均可发病，但主要危害花盘。初呈水渍状湿腐，湿度大时长出稀疏的灰色霉层，严重时花盘腐烂，不能结实。各时期均可侵染向日葵，以侵染花盘发展最快、危害最大。该病发生温度范围2~30 ℃，适温17~22 ℃，相对湿度93%~95%病菌才能生长和形成孢子，病菌在35~37 ℃下经24 h即可死亡。

(2) 防治方法。①适期播种，使花盘期尽量避开雨季。②合理密植，切忌过密，尽量采用间套作方式。③雨后及时排水，防止湿气滞留。

第十章 油茶、芝麻、向日葵绿色高质高效种植技术

4. 黑斑病

(1) 识别要点。发病时,先从植株下部叶片产生病斑,继续向上蔓延。叶部病斑圆形,直径 5~20 mm,暗褐色,微具同心轮纹,其上生有淡黑色的霉状物。茎上病斑梭形,暗褐色,颇大,常互相连接。花托上病斑圆形,直径 5~15 mm,稍凹陷,严重时整个叶片枯死。

(2) 防治方法。发病初期用 50% 多菌灵或 70% 甲基硫菌灵可湿性粉剂 800~1 200 倍液喷雾,每亩用量 100 kg。

5. 褐斑病

(1) 识别要点。当幼苗长出 4~5 片真叶时开始发病,先在叶片上产生不规则的淡褐色病斑,严重时病叶相连,全株叶枯死。后期在病斑上长出黑色散生的分生孢子器,叶柄及茎上也发生褪色病斑,但不明显。由于叶片受害,形成的花蕾很小,甚至造成绝产。

(2) 防治方法。同黑斑病防治措施。

6. 黄萎病

(1) 识别要点。病原菌首先侵入一部分,然后进入维管束,引起维管束阻塞,变褐。受害叶片的膨压丧失,叶片萎蔫,叶片由绿色、浅绿色逐渐变褐,病斑呈青铜色,并具有浅黄色水浸状边缘,最后叶片干枯,整株死亡。

此病最大的特点是从植株的下部向上部扩展,有时在植株的一侧出现病态,而另一侧仍保持健康状态。

(2) 防治方法。

药剂浸种。用 50% 多菌灵或甲基硫菌灵可湿性粉剂按种子重量的 0.5% 拌种,也可用 80% 抗菌剂或乙基硫代磺酸乙酯乳油 1 000 倍液浸泡种子 30 min,晾干后播种。

土壤消毒。用农用抗生素 120 水剂 50 倍液,于播前处理土壤,每亩用量 300 kg。

药剂灌根。必要时可用20%萎锈灵乳油400倍液灌根，每株灌药500 mL。

（二）向日葵主要虫害

1. 向日葵螟

向日葵螟又称葵螟，是以幼虫危害向日葵花盘、花萼片和籽粒的一种主要害虫。

（1）危害特点。幼虫蛀入花盘后，由外向中心逐渐延伸，将种仁部分或种子全部吃掉，形成空壳或深蛀花盘，将花盘内蛀成很多隧道，并将咬下的碎屑和排出的粪便填充其中，污染花盘，遇雨后可造成花盘和籽粒发霉腐烂。一头幼虫可蛀食1~2粒种子，严重影响向日葵产量和品质。向日葵螟一年发生1~2代，主要以第一代幼虫危害向日葵最重，第二代幼虫主要危害生育期较晚的向日葵花盘中心部分，危害较轻。

（2）防治方法。①选用抗虫品种。②秋翻整地。向日葵螟一般幼虫做茧在5~10 cm土中越冬，秋深翻可降低越冬虫口密度，有效减轻来年虫害。③适当晚播。适当晚播可有效减轻第一代幼虫危害，5月10日之前播种的，越早播，危害越严重，5月25日后播种的，大多数危害较轻。④药剂防治。成虫发生盛期，每亩喷2.5%溴氰菊酯乳油，或20%杀灭菊酯20 mL；成虫产卵盛期（6月下旬，7月上旬），喷90%晶体敌百虫800~1 000倍液，或每亩喷2.5%溴氰菊酯乳油20 mL。⑤幼虫防治。要抓住幼虫尚未蛀入籽粒（3龄前）的关键时期，即在7月底左右，用90%敌百虫或50%杀螟丹500倍液，每亩可喷雾药液50 kg，也可用20%杀灭菊酯或2.5%溴氰菊酯3 000倍液进行喷雾，还可用10%氯氰菊酯乳油进行防治，每亩用量20 mL，兑水75 kg，在成虫产卵高峰期喷药。

2. 向日葵列当

（1）危害特点。向日葵列当又叫高加索列当、毒根草，它是

第十章 油茶、芝麻、向日葵绿色高质高效种植技术

一种典型的寄生杂草。整个苗株不含叶绿素,不能进行光合作用,依靠吸附寄生植物的营养和水分而生活。吸附在向日葵根际,在根外发育成膨大部分,长出根高 30 cm 左右多肉淡黄色鳞叶片时,穗状花序,每朵花生有一个蒴果,内含 1 000 粒左右极小种子。向日葵列当种子很容易被风、雨水、土壤及动物携带散发出去,落地后接触向日葵根分泌物即可发芽。没有寄主时,在土壤中可存活 5~10 年。

(2)防治方法。①禁止从疫区调运葵花种子。②选用并培育抗列当品种。③实行 6~7 年轮作,以降低土壤中列当种子含量。④在列当开花之前,连根拔除销毁,不使其结实。⑤向日葵开花后到种子成熟前,连续数年坚持进行 2~3 次中耕除草,可彻底消灭列当为害。⑥化学防治。用 0.2% 以下的 2,4-D 丁酯溶液,或二硝基邻苯酚 0.2% 水溶液,每亩用 300 kg,在向日葵列当大量出土而向日葵的花盘直径超过 10 cm 时(早了会发生药害),在向日葵根部及附近表土喷洒,经 10~15 d 可收到良好的防治效果。但和大豆间作的地块不能喷药,因大豆易受药害而死亡。

参考文献

陈松木，邹忠新，朱佑存，2024. 特色粮油作物轮作高产高效技术应用探讨［J］. 粮油与饲料科技（1）：43-45.

管延安，2022. 黄淮海谷子高产高效栽培技术［M］. 济南：山东科学技术出版社.

广西壮族自治区农业农村厅，2024. 2024年广西粮油等主要作物大面积单产提升行动暨水稻玉米高产攻关行动实施方案［J］. 广西农业机械化（1）：1-5.

李春俭，2018. 玉米高产与养分高效的理论基础［M］. 北京：中国农业大学出版社.

李海朝，2016. 一本书明白大豆高产与防灾减灾技术［M］. 郑州：中原农民出版社.

农业农村部农垦局，中国农垦经济发展中心，2023. 全国农垦粮油等主要作物20项高产高效技术及模式［J］. 中国农垦（9）：4-20.

沈承研，2024. 向日葵大垄双行覆膜高产栽培技术［J］. 特种经济动植物，27（1）：99-101.

时侠清，邵庆勤，2014. 小麦高产实用技术［M］. 合肥：安徽大学出版社.

文喜贤，2020. 江西粮油绿色高质高效主推技术2019应用典型实例［M］. 南昌：江西科学技术出版社.

姚媛，2023. 全国农垦粮油等主要作物20项高产高效技术及模式展示［N］. 农民日报2023-08-02（007）.

袁城霖，2023.粮油作物更高产达州要闯三道关［N］.四川日报 2023-05-12（008）.

赵志刚，罗瑞萍，2017.宁夏大豆高产高效栽培技术［M］.银川：阳光出版社.